Eberl
Eine neue Waldakademie für Deutschland

Wald in Raum und Öffentlichkeit
Band 15

Justus Eberl

Eine neue Waldakademie für Deutschland

Konzeption einer Bildungseinrichtung für private und kommunale Waldbesitzer
mit den Ergebnissen der Mitteldeutschen Waldbesitzerumfrage

1. Auflage 2025

Gefördert durch

Bibliografische Information der Deutschen Nationalbibliothek

Die Deutsche Nationalbibliothek verzeichnet diese Publikation in der Deutschen Nationalbibliografie; detaillierte bibliografische Daten sind im Internet über
dnb.ddb.de
abrufbar.

© 2025. Justus Eberl
Mitarbeit: Florian Born, Oliver Klein, Tobias Bindick
Pfaffroda, 1. Auflage 2025

ISBN: 978-3-7693-2641-3
Alle Rechte beim Herausgeber.
Verlag: BoD · Books on Demand GmbH, Überseering 33, 22297 Hamburg, bod@bod.de
Druck: Libri Plureos GmbH, Friedensallee 273, 22763 Hamburg
Die Wahlvom FSC-zertifiziertem Papier für den Druck erfolgte standardmäßig durch den Verlag,
nicht auf Wunsch der Herausgeber.

Inhaltsverzeichnis

Abkürzungsverzeichnis

Abs.	Absatz
AöR	Anstalt öffentlichen Rechts
Bsp.	Beispiel
bspw.	Beispielsweise
BWaldG	Gesetz zur Erhaltung des Waldes und zur Förderung der Forstwirtschaft (Bundeswaldgesetz)
BWI	Bundeswaldinventur
CO_2	Kohlenstoffdioxid
d.h.	das heißt
EU	Europäische Union
Fm	Festmeter
GAP	Gemeinsame Agrarpolitik (der EU)
gem.	Gemäß
GG	Grundgesetz für die Bundesrepublik Deutschland
Grds.	Grundsatz
grds.	Grundsätzlich
i.d.R.	in der Regel
i.E.	im Ergebnis
i.e.S.	im engeren/eigentlichen Sinne
i.S.d.	im Sinne des
i.V.m.	in Verbindung mit
i.w.S.	im weiteren Sinne
insb.	Insbesondere
LULUCF	Land-Use, Land-Use-Change and Forestry
Nr.	Nummer
OVG	Oberverwaltungsgericht
pnV	Potentiell natürliche Vegetation

SächsWaldG	Waldgesetz für den Freistaat Sachsen
SMEKUL	Sächsisches Staatsministerium für Energie, Kilmaschutz, Umwelt und Landwirtschaft
UNB	Untere Naturschutzbehörde
u.U.	Unter Umständen
vsl.	Voraussichtlich
VO	Verordnung
Vss.	Voraussetzungen

Auftrag & Hintergrund

Einführung

Das weitgehende Fehlen von Bildungsangeboten für private und kommunale Waldbesitzer wurde in Sachsen bereits seit längerem bemängelt. Aber auch die überkommenen Grundsätze nachhaltiger Forstwirtschaft werden in einer immer mehr urban geprägten Gesellschaft zunehmend nicht mehr verstanden. Der Entfremdungsprozess zwischen Forstwirtschaft und Gesellschaft ist dabei auch in der großen Gruppe privater Waldbesitzer zu beobachten. Hinzu kommt, dass auch die Folgen des Klimawandels die bisherige Wirtschaftsweise im Forstsektor grundlegend in Frage stellt.

Um diesen Herausforderungen zur begegnen, haben sächsische Waldbesitzer und Waldfreunde die Initiative ergriffen und sich am 22. Juli 2019 mit weiteren Vertretern aus Politik und Gesellschaft zum Verein Waldakademie Pfaffroda-Sachsen e.V. zusammengeschlossen. Unter anderem nach dem Vorbild der bayerischen Waldbauernschule Kelheim soll ein modernes Bildungszentrum rund um den Wald entstehen, welches mithilft den Wald und seine Nutzer auf die Zukunft vorzubereiten.

Auftrag

Durch Zuwendungsbescheid vom 28. Dezember 2020 hat das Sächsische Staatsministerium für Energie, Klima, Umwelt und Landwirtschaft die private Initiative des Vereins Waldakademie Pfaffroda-Sachsen e.V. aufgegriffen und den Auftrag erteilt die Konzeption einer Bildungseinrichtung für private und kommunale Waldbesitzer und die interessierte Öffentlichkeit zu erstellen. Dazu heißt es u.a. im Zuwendungsbescheid:

> *„In einer Erhebungs- und Evaluierungsphase soll zunächst eine Grundlagenermittlung erfolgen, in deren Mittelpunkt eine Bedarfs- und eine Finanzierungsanalyse stehen. Hier sollen auch bestehende Konzepte analysiert werden (z.B. Waldbauernschule in Brandenburg, Bayern und Thüringen).*
>
> *Die umfangreiche Bedarfsanalyse erfolgt in Form einer empirischen Studie. Zudem soll evaluiert werden, ob und ggf. mit welchen potentiellen Kooperationspartnern (z.B. Verbände, Forstbetriebsgesellschaften, Industrie) eine Umsetzung des Konzeptes erfolgen kann. Die Rahmenbedingungen und die Wettbewerbsfaktoren sind zu analysieren."*

Diesem Auftrag wurde durch die Erstellung des Abschlussberichts nachgekommen, der hiermit vorgelegt wird.

Standort Schloss Pfaffroda

Seit dem 14. Jahrhundert wird das Schloss und der Wald in Pfaffroda durch die Familie von Schönberg bewirtschaftet. Dabei war das Erzgebirge wegen seiner Erz- und Holzvorkommen die Grundlage für die spätere Industrialisierung Sachsens. Mit dem steigenden Holzhunger der Industrie wurden die Wälder zunehmend übernutzt und ausgeplündert. Dieses Problem wurde zuerst von denen erkannt und bekämpft, die es zuerst betraf: Die Bergwerke selbst.

Weil für den Bau der Stollen und das Schmelzen der Erze große Mengen Holz benötigt wurden, standen die Bergwerke und die Wälder damals überwiegend unter der Kontrolle der gleichen staatlichen „Bergverwaltung". An der Spitze dieser halb staatlichen, halb privaten Industrieverwaltung stand der sog. „Berghauptmann". Im 16., 17. und 18. Jahrhundert kamen die Berghauptmänner des Erzgebirges nicht selten aus der lokalen Familie von Schönberg. Und so gab bereits Abraham von Schönberg (1640 bis 1711) Anweisungen, wie die Wälder schonend und planmäßig zu bewirtschaften seien, damit sie gleichbleibenden Holzertrag für die Bergwerke erbringen konnten. Doch erst sein Nachfolger im Amt, Hans-Carl von Carlowitz, gab dieser vorausschauenden Bewirtschaftung 1713 ihren deutschen Namen: Nachhaltigkeit.

Aus diesen Erkenntnissen konnte die Familie von Schönberg schöpfen und entwickelte ihren eigenen Forstbetrieb in Pfaffroda zum sächsischen Muster- und Schulbetrieb. So war es der erste nach Tharandter Abteilungswesen eingerichtete Privatforstbetrieb überhaupt. Die Einteilung in sog. „Abteilungen" und deren planmäßige Bewirtschaftung legten dabei den Grundstock für die nachhaltige und wissenschaftlich fundierte Bewirtschaftung des Waldes. Unter der Leitung des Oberförsters Max Clemens wurde Pfaffroda über die Landesgrenzen hinaus bekannt und Ziel von Fachexkursionen aus dem In- und Ausland. Dabei legte Oberförster Clemens auch besonderen Wert auf die Schutz- und Erholungsfunktion des Waldes. Erst der Zweite Weltkrieg und die deutsche Teilung beendeten diese Praxis. Mit der Gründung der Waldakademie Pfaffroda und der Erstellung des Bildungskonzepts wird an diese Schul- und Demonstrationstradition angeknüpft.

A) Bedarfsanalyse

1. Einführung & Leitfragen

Die Analyse beabsichtigt angesichts der Breite des Auftrags nicht die Überprüfung oder Entwicklung einer einzigen Hypothese, sondern die Erkundung des Felds im Sinne der Auftragsstellung. Aus der Begründung des Zuwendungsbescheids wurden jedoch zur Operationalisierung des Auftrags drei Fragebereiche weiter herausgearbeitet. Dabei wurde erkannt, dass „Bedarf" im Wesentlichen drei Dimensionen hat: Bedarf im eigentlichen Sinne (Nachfrage), Markt (Angebot) und Finanzierung.

Denn es mag sein, dass es zwar einen Bedarf gibt, dieser aber von vornherein unrealistisch (i.S.d. hier gegebenen Auftrags) ist, weil er nicht – oder jedenfalls nicht mit rationalem Aufwand – bedient werden kann. Andererseits wird davon ausgegangen, dass in einem entwickelten Markt- und Gesellschaftssystem wie dem unsrigen, für die meisten Nachfragen bereits gewisse Angebote bestehen. Durch eine Betrachtung bestehender Angebote und ihrer Finanzierung kann im Abgleich zu der zuvor festgestellten Nachfrage ermittelt werden, ob in Bezug auf eine regionale (hier: Sachsen und Mitteldeutschland) oder personelle Zielgruppe (hier: Waldbesitzer und waldinteressierte Öffentlichkeit) eine „Marktlücke", d.h. ein Bedarf, i.S.d. Auftrags besteht. Die so für die Zwecke dieser Untersuchung näher definierten und betrachteten Dimensionen der Bedarfsanalyse lauten daher:

1. Bedarfsanalyse (eigentliche Bedarfs- oder Nachfrageanalyse)
2. Marktanalyse
3. Finanzierungsanalyse

Für die drei Fragebereiche wurden wiederum Leitfragen entwickelt, die dem Gang der Untersuchung Struktur gegeben haben:

Bedarfsanalyse (eigentliche Bedarfs- oder Nachfrageanalyse): Was ist der Bedarf? Quantitativ (Anzahl Kunden), Qualitativ (was ist gewollt).

Marktanalyse: Welche Angebote existieren bereits? Wo? Wie arbeiten Mitbewerber im Markt?

Finanzierungsanalyse: Wie hoch ist die Zahlungsbereitschaft? Kann der Bedarf bei rationaler Gestaltung eines Angebots bedient werden und dabei einen positiven Deckungsbeitrag erzielen?

Die Wege wie diese drei Fragebereiche systematisch mit empirischen Methoden der forstlichen Sozialwissenschaften beantwortet werden können, werden im nachfolgenden Abschnitt näher dargestellt.

2. Methoden & Untersuchungsdesign

2.1. Einführung
2.1.1. Gang der Untersuchung

Die Bedarfs-, Markt-, und Finanzierungsanalyse wurde mittels einer umfassenden empirischen Studie durchgeführt. Zur Stützung der empirischen Grundlage und Absicherung der Ergebnisse wurde eine Methodentriangulation vorgenommen, die zur Qualitätssicherung in den forstlichen Sozialwissenschaften mehrfach empfohlen und angewandt wurde. Es wurden quantitative und qualitative Erhebungen kombiniert, um die Validität der Ergebnisse zu erhöhen. Die Erhebung eigener Daten wurde durch eine umfassende Literaturanalyse vorbereitet, begleitet und gegenkontrolliert.

Die Analyseschritte verliefen dabei in keinem getrennten, aufeinanderfolgenden chronologischen Ablauf, sondern nebeneinander und aufeinander bezogen. So konnten Ergebnisse bspw. aus der Literaturanalyse auf Experteninterviews bezogen werden, sowie Hinweise aus Experteninterviews in der Literaturanalyse berücksichtigt werden. Bei der Literaturanalyse und den qualitativen Erhebungen waren folglich der Forschungsgegenstand, der Hintergrund des Forschenden und in Nuancen auch die Forschungsfrage gewissen Entwicklungen unterworfen. Lediglich die quantitativen Erhebungen wurden nach Finalisierung des Fragebogens nicht mehr geändert. Ebenso wurde der Leitfaden für die qualitativen Erhebungen der Experteninterviews nicht geändert. Jedoch liegt es auf der Hand, dass sich mit dem Anwachsen der Erfahrung des Interviewers auch Aspekte der Fragstellung und der Gesprächsführung änderten.

2.1.2. Abduktives Vorgehen

Dieses Ineinandergreifen verschiedener Analyseschritte und Erhebungen ist in den forstlichen Sozialwissenschaften als induktives oder abduktives Vorgehen in Anlehnung an die Grounded Theory bereits verschiedentlich empfohlen worden (WEBER 2012). Dabei dient sie hier der Identifikation (und ggf. der Anpassung) der für die Beantwortung der Fragestellung geeigneten Analyseansätze. Dies ist nicht als methodische „Unsauberkeit" zu sehen, denn die Daten werden nicht „passend gemacht", sondern es wird abduktiv überprüft, ob sich Erklärungsmuster, die in einem Bereich erkannt wurden, bei erneuter Betrachtung auch in anderen Bereichen zu finden sind. Durch die Offenlegung der abduktiven Vorgehensweise wird der Verdacht der Datenmanipulation transparent aufgehoben, was einen Vorteil gegenüber der großen Mehrheit der Arbeiten bietet. Es ist verschiedentlich angemerkt worden, dass diese regelmäßig abduktiv vorgehen, bspw. indem Daten im Nachhinein hinzugenommen bzw. weggelassen werden, ohne dies offenzulegen (ROSENTHAL (2011), insb. S. 57 ff. und S. 225 ff.). Daher wird in dieser Untersuchung die abduktive Vorgehensweise - soweit es der Umfang zulässt – dargelegt.

Die sozio-politische Realität ist nicht unmittelbar fassbar und kann nur anhand manifestierter Inhalte wissenschaftlich untersucht werden. Insbesondere bei den in Texten manifestierten Aussagen handelt es sich um Kommunikationsinhalte, die stets einen Kommunikationsprozess voraussetzen. Kommunikationsprozesse können vereinfacht als Übermittlung von Botschaften eines Kommunikators an einen Rezipienten beschrieben werden. Den Botschaften können bestimmte Aussagen (Inhalte) entnommen werden, die einer kontextabhängigen Beziehung zu Kommunikator, Rezipient und Situation (Rahmen, Umwelt) stehen (RÖSSLER 2010).

2.1.3. Kritische Würdigung

Die sozio-ökonomische Realität (Bedarfs- und Marktanalyse waldbezogener Bildung), die vorwiegend untersucht werden soll, ist nicht unmittelbar fassbar und messbar. Sie kann nur anhand manifestierter, d.h. manifest gewordener Inhalte, untersucht werden. Da es sich insb. bei dem zu ermittelnden „Bedarf" um eine noch zukünftige oder hypothetische Realität handelt, sind die Manifestierung der Hinweise hierauf (Vermutung, Wünsche, Erwartungen der Teilnehmer der Umfragen und Experteninterviews) in methodischer Hinsicht in besonderer Weise kritisch zu würdigen.

Bei den Daten aus den quantitativen und qualitativen Erhebungen handelt es sich, ebenso wie bei den Texten, um manifestierte Kommunikationsinhalte, die stets einen Kommunikationsprozess voraussetzen. Kommunikationsprozesse können vereinfacht als Übermittlung von Botschaften eines Kommunikators an einen Rezipienten beschrieben werden (Vgl. Abbildung S. 4). Den Botschaften können bestimmte Aussagen (Inhalte) entnommen werden, die einer kontextabhängigen Beziehung zu Kommunikator, Rezipient und Situation (Rahmen, Umwelt) stehen (RÖSSLER 2010).

Abbildung: Inhaltsanalytisches Kommunikationsmodell nach Mayring

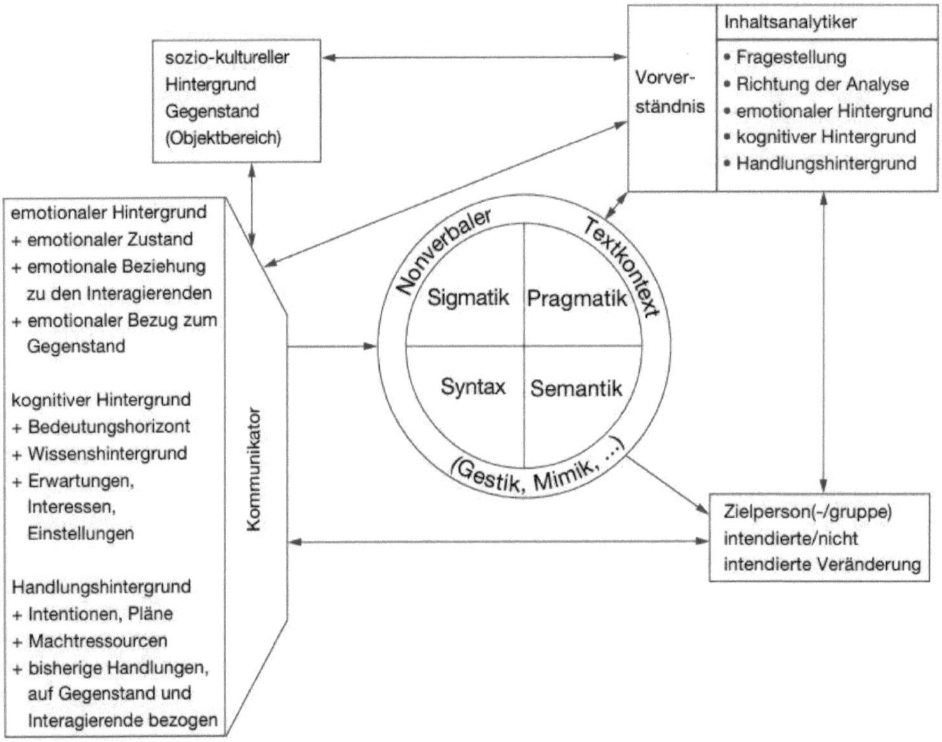

Quelle: Mayring (2015)

In der vorliegenden Untersuchung wurde das inhaltsanalytische Kommunikationsmodell nach MAYRING (2015) zugrunde gelegt. Demnach zeichnet sich das hier zur Untersuchung herangezogene Material durch eine relative Heterogenität der Kommunikationssituation aus.

Dabei liegen in der Literaturanalyse zunächst Inhalte aus einer statischen Kommunikationssituation vor, nämlich der Autor als Kommunikator, der sich an die „die Öffentlichkeit" in ihrem weiteren oder engeren Sinne wendet als Rezipient. Soweit Teilöffentlichkeiten oder nicht-öffentliche Rezipienten vorliegen, wird dies im nachfolgenden Materialkapitel erläutert. Aufgrund des schriftlichen Charakters dieses Materials kommt dem nonverbalen Textkontext in diesem Fall kein besonderes Gewicht zu. Anders ist es hingegen bei den Umfragen, insb. den Experteninterviews. Hier ist die Kommunikationssituation zwischen dem Interviewer und dem Interviewten in ihrer jeweiligen Spezifizität kritisch zu würdigen. Dabei wurden auch eigene Motivationen des Interviewten und seine Stellung zu Interviewer, dem Projekt, dem Mittelgeber und Dritten gegenüber so weit wie möglich berücksichtigt und das gewonnene Material einem kritischen Review unterzogen.

Die Einordnung des Materials als Teil eines Kommunikationsmodells verlangt auch nach einer Einordnung in ein Verstehens- und Bewertungsmodell. Denn soziale Realitäten, auch und soweit sie in Texten manifestiert sind, können nicht kontextunabhängig sein und nicht kontextunabhängig verstanden werden. Damit unterscheiden sich die Sozialwissenschaften erheblich von den Naturwissenschaften. Während die Naturwissenschaften auf statische und „dingliche" (bzw. verdingbare, „tote") Realitäten zurückgreifen können, beinhalten sozialwissenschaftliche Untersuchungsmaterialien einen doppelten Selbst-Interpretationsvorgang, nämlich einerseits beim Urheber des Untersuchungsmaterials (dem „Beforschten") und andererseits beim Forschenden selbst (FLYVBJERG 2001). Anders als in den Naturwissenschaften wird in den Sozialwissenschaften die (zugeschriebene) Eigenschaft eines Untersuchungsgegenstandes vom Standpunkt des Forschenden mit-determiniert. Die korrekte und nachvollziehbare Bewertung des Materials erfordert eine genaue Verortung des Untersuchungsvorhabens und des Untersuchenden und die Offenlegung vorhandener Wertsetzungen.

2.1.4. Selbstverortung

Die Offenlegung der wesentlichen Schritte der Analyse erfordert auch eine Selbstverortung im Analyseprozess. Die Aufklärung über den Hintergrund des Untersuchungsauftrages und des Untersuchenden, deren Verortung im Untersuchungsfeld, sowie die Beschreibung der äußeren Umstände der Entstehung der Untersuchung dienen zugleich dazu, die Regelgeleitetheit und Validität der Ergebnisse sicherzustellen und diese externen Faktoren der Untersuchung einer Diskussion zugänglich zu machen.

Der Verfasser dieser Untersuchung hat in Freiburg im Breisgau und Buenos Aires Rechtswissenschaften studiert und mit der ersten juristischen Staatsprüfung abgeschlossen. Nach einem Aufbaustudium der Forstwissenschaft in Göttingen folgte die Promotion an der Professur Forstpolitik und Forstliche Ressourcenökonomie der Fakultät für Umweltwissenschaften, Fachbereich Forstwissenschaften der TU Dresden. Danach folgte der juristische Vorbereitungsdienst im Bezirk des Oberlandesgerichts Braunschweig mit Stationen u.a. in der Abteilung 5 „Recht, Verwaltung, Jagd und Forsten" des Niedersächsischen Landwirtschaftsministeriums in Hannover. Nach Ablegung der großen juristischen Staatsprüfung begann der Verfasser seine Tätigkeit als Projektleiter und Geschäftsführer bei der Waldakademie Pfaffroda-Sachsen e.V.

Der Verfasser entstammt einer Familie mit forstwissenschaftlichem und forstwirtschaftlichem Hintergrund. Vor und während der Arbeit an dieser Untersuchung war er als Mitglied und Vertreter forstlicher Verbände in unterschiedlichen Organisationen und Gremien in verschiedenen Funktionen tätig, bspw. für den Thüringer Forstverein, die Familienbetriebe Land und Forst

Sachsen-Thüringen e.V., den Waldbesitzerverband für Thüringen e.V., den Deutschen Forstwirtschaftsrates, u.ä.m.

Die vorliegende Untersuchung hat der Verfasser im Zeitraum von September 2021 bis Juli 2022 in Sachsen, Thüringen und an anderen Orten durchgeführt. Die Untersuchung wurde im Wesentlichen mit Mitteln des Freistaats Sachsen auf Grundlage des von den Abgeordneten des sächsischen Landtages verabschiedeten Haushaltes finanziert. Ein Eigenanteil wurde vom Verein Waldakademie Pfaffroda-Sachsen e.V. finanziert.

Die Aufsicht zur Verwendung der Mittel wurde vom Staatsministerium für Ernährung, Klimaschutz, Umwelt und Landwirtschaft (SMEKUL) geführt. Die Mitarbeiter des Forstreferats des SMEKUL haben die Entstehung der Untersuchung mit regem Interesse unterstützt. Einzelne Arbeitsschritte, wie bspw. der finale quantitative Fragebogen, wurde mit dem SMEKUL und dem Vereinsvorstand abgestimmt. Dabei wurde seitens der Mitarbeiter des SMEKUL stets die Unabhängigkeit des Vereins und Verfassers betont. Weder die Mitarbeiter des SMEKUL noch Funktionsträger des Vereins haben zu irgendeinem Zeitpunkt inhaltlichen Einfluss auf den Verfasser oder die Arbeit genommen. Der Verfasser und der Verein hatten für die erhaltene Finanzierung auch keine inhaltlichen Verpflichtungen mit Hinblick auf die Untersuchung übernommen.

2.2. Literaturanalyse

Die Literaturanalyse diente zunächst der Exploration des Untersuchungsfeldes. Mit dem Fortgang der Bedarfs- und Marktanalyse, insb. aufgrund und entlang den Erkenntnissen aus den qualitativen und quantitativen Erhebungen, wurde jedoch auch die Literaturanalyse fortgeführt und vertieft.

Zu untersuchende Literatur wurde durch Recherche in den einschlägigen Forschungseinrichtungen, insb. der Sächsischen Landes- und Universitätsbibliothek Dresden mit der Teilbibliothek für Forstwissenschaften in Tharandt, einschließlich der dort jeweils vorhandenen elektronischen Ressourcen identifiziert. Weitere Literatur, Graue Literatur und das Untersuchungsmaterial wurden fast ausschließlich über das Internet bezogen, insb. unter Zuhilfenahme der Suchmaschine Google. Von den weiteren herangezogenen elektronischen Ressourcen sind u.a. Google Scholar und Google Books zu nennen.

2.3. Umfragen
Es wurden drei quantitativ orientierte Umfragen zur Gewinnung empirischer Daten durchgeführt.

Die Umfrage wurde an die potentiellen Zielgruppen (Waldbesitzer und waldinteressierte Öffentlichkeit) gerichtet. Dabei bestand in methodischer Hinsicht die erste Herausforderung darin die Zielgruppe einzugrenzen, aufzufinden und zu kontaktieren. Es besteht im Freistaat Sachsen und benachbarten Bundesländern kein zentrales Waldbesitzerregister, auf das Zugang möglich wäre.

Die Umfrage wurde als Online-Umfrage durchgeführt. Die Befragung wurde am 8. Juli 2022 freigeschaltet und am 30. Juli für die Zwecke des Zwischenberichts ein vorläufiges Ergebnis erhoben. Der Zugangslink zu der Online-Umfrage wurde daher über öffentliche und nicht-öffentliche Wege verbreitet. Die Umfragen wurden anonym durchgeführt, sodass eine Rückverfolgung der Antworten zu Teilnehmern nicht möglich war.

2.4. Experteninterviews & Teilnahme am Markt

Zur Ergänzung und Validierung der aus den quantitativ orientierten Umfragen gewonnen Daten wurden qualitative Erhebungen durchgeführt. Dazu wurden Experteninterviews durchgeführt und in explorativer Weise am Markt teilgenommen. Beide Erhebungen dienen ebenso wie die Umfrage dazu, von Dritten Erkenntnisse über den Untersuchungsgegenstand zu gewinnen.

Die Experteninterviews sollen die gesamte Dauer der Untersuchung über durchgeführt werden. Sie sollen ausschließlich in Präsenz stattfinden. Lediglich in Ausnahmesituationen (Corona-Pandemie u.ä.) sollen sie als Telefon- oder Videokonferenzinterview durchgeführt werden.

Die Interviews wurden leitfadengestützt durchgeführt. Als Anhaltspunkt für den hier zu entwickelnden Leitfaden wurden erprobte Leitfäden aus den forstlichen Sozialwissenschaften zur Erforschung von Strukturen im (Klein)-Privatwald herangezogen. Der Leitfaden wurde während der Durchführungsphase nicht geändert. Er ist in der Anlage abgedruckt.

Die Interviews wurden – soweit die Zustimmung der Interviewten vorlag – akustisch aufgezeichnet. Wesentliche Stichpunkte wurden in der Leitfadenvorlage protokolliert.

Die explorative Teilnahme am Markt diente ebenfalls der Gewinnung qualitativer empirischer Daten über den Untersuchungsgegenstand. Es liegt auf der Hand, dass diese insb. für den Bereich der Marktanalyse von großer Relevanz sind. Im Rahmen dieser explorativen Teilnahme soll an Veranstaltungen von Mitbewerbern teilgenommen werden. Unter Mitbewerber werden in diesem Zusammenhang Anbieter bestehender Angebote zum Untersuchungsgegenstand, wie auch andere Forschende, die planen Angebote zum Untersuchungsgegenstand zu entwickeln oder diesen erforschen. Dabei ist bei der explorativen Teilnahme darauf zu achten, dass die Schwelle zur „Aktionsforschung" nicht überschritten wird, d.h. kein Einfluss auf den Markt selbst genommen wird.

2.5. Pilotprojekte & Reaktionen der Öffentlichkeit

Schließlich wurden und sollen zur Validierung der empirisch gewonnenen Daten Pilotprojekte durchgeführt werden. Da wiederum die Teilnehmer der Pilotprojekte zur Gewinnung empirischer Daten durch Teilnahme an den entsprechenden Befragungen (s.o.) dienen, wird dies als wichtiger und maßgeblicher Schritt angesehen, um die Ergebnisse der Analyseschritte auf „den Boden der Tatsachen zu holen", sie so im wahrsten Sinne des Wortes im Sinne der Grounded Theory zu „grounden". So kann überprüft werden, ob sich Deutungs- und Verstehenszusammenhänge aus

der Interpretation und Diskussion der empirischen Daten ergeben. Es findet also erkenntnismethodisch eine Umkehr statt: Statt von Dritten zu erfragen, was ihre Deutung des Untersuchungsgegenstandes ist („Was sollte aus Ihrer Sicht Thema von Waldbesitzerbildung sein"), wird den Dritten eine eigene Deutung des Untersuchungsgegenstandes („Dieses Thema ist aus unserer Sicht wichtig für Ihre Bildung als Waldbesitzer, weil....) zur Stellungnahme vorgelegt.

Nachdem im Dialog mit der Förderstelle die Frage entdeckt wurde, ob der Förderbescheid zu Konzeptionalisierung der Waldakademie überhaupt ein praktisches Tätigwerden zulässt, wurde in Absprache mit dem SMEKUL eine Änderung der Förderbedingungen unter Datum vom 18. Mai 2022 erreicht. Anlass hierzu war u.a. ein erster Vortrag zur forstlichen Förderung im März 2022, zu dem der Geschäftsführer angefragt wurde.

Als weitere Möglichkeit zur Validierung des empirisch festgestellten Interesses wurde mit Öffentlichkeitsarbeit begonnen. Dabei wurden bestimmte Themen, Formate und Methoden der Vermittlung der Öffentlichkeit in den sozialen Medien präsentiert, um deren Reaktion darauf zu testen. So können im Wege des Trial-and-Error nachgefragte und weniger nachgefragte Themen identifiziert werden, wobei idealerweise sogar ein „virales" Thema oder Format gefunden werden kann, also ein solches, dass sich durch vielfaches Teilen eines exponentiell wachsenden User-Kreises von selbst verbreitet.

Doch jenseits davon ist Öffentlichkeitsarbeit gerechtfertigt, da dadurch auch potentielle Teilnehmer der geplanten empirischen Studien identifiziert werden können, sodass sie als „Follower" zur Teilnahme an Umfragen und Pilotprojekten aufgefordert werden können. Als weitere empirische Indizien können (provozierte) Reaktionen der Öffentlichkeit auf die Waldakademie (ggf. ihre Öffentlichkeitsarbeit) herangezogen werden.

Wegen des engen Bezugs zum Betriebskonzept erfolgt die weitere Erläuterung des methodischen Vorgehens zu den Pilotprojekten unten (7.3. ff.).

2.6. Datenauswertung i.R.d. Markt- & Finanzierungsanalyse

Die empirischen Daten, die aus der Literaturanalyse, den Umfragen, den Experteninterviews, der Teilnahme am Markt, den Pilotprojekten und den Reaktionen der Öffentlichkeit gewonnen werden können, bedürfen als Vorstufe einer Diskussion einer weitergehenden Auswertung. Dies gilt insb. für betriebswirtschaftliche Daten i.R.d. Markt- und Finanzierungsanalyse. Hier ergeben sich die Daten erst aus einer Zusammenschau der empirisch gewonnen Daten im Vergleich zur Gesamtmenge oder dem Gesamtmarkt, da notwendigerweise keine „Vollerhebung" des Untersuchungsgegenstandes erfolgen kann, sondern nur die Untersuchung (bspw. Befragung) einer Teilmenge. In diesen Fällen sollen die empirisch gewonnen Daten auf die Gesamtmenge hochgerechnet werden, um Aussagen zum Untersuchungsgegenstand an sich treffen zu können.

3. Material

3.1. Einführung

Auf Grundlage des im vorhergehenden Kapitel beschriebenen methodischen Vorgehens erfolgte die Ermittlung und Heranziehung des Untersuchungsmaterials. Der Prozess der Materialermittlung war angesichts der begrenzten personellen und zeitlichen Ressourcen für den Auftrag begrenzt. Für den vorläufigen Zwischenbericht war der Untersuchungszeitraum aufgrund des Abgabedatums 31. Juli 2022 absolut begrenzt.

Der Prozess der Materialakquise musste dennoch so umfangreich angelegt werden, dass nach Abschluss der explorativen Phase jedenfalls so viel relevantes Material herangezogen werden konnte, dass annährend theoretische Sättigung eintreten konnte, d.h. keine wesentlichen neuen Aspekte entdeckt wurden. Dies konnte bis zum Abschluss des Zwischenberichts im Juli 2022 erreicht werden. Weiteres Material kann und sollte aber auch in der Restlaufzeit der Konzeptionalisierungsphase bis zur Fertigstellung des endgültigen Abschlussberichts einbezogen werden, wenn und soweit dadurch der zweite Teil des Projektberichts (Betriebskonzept) signifikant verbessert werden kann.

3.2. Literaturanalyse

In der Literaturanalyse konnten öffentliche und nicht-öffentliche Quellen einbezogen werden.

2.1.1. Öffentliche Quellen

Bei den öffentlichen Quellen der Literaturanalyse wurden sowohl Studien, Monografien, Sammelbände und Berichte, wie auch Zeitschriften und Periodika herangezogen. Dabei wurde besonderes Augenmerk auf vergleichbare vorherige Studien gelegt. Dies betrifft zum einen die „Erarbeitung eines Konzeptes für die Qualifizierung privater Waldbesitzer im Rahmen der Strukturfondsförderung Europäischer Sozialfonds (ESF) im Freistaat Sachsen 2007 - 2013" (Setzer et al. 2009) für das primäre Zielgebiet Sachsen, sowie die KKEG-Studie (Klimaschutz durch Kleinprivatwald – für Eigentümer und Gesellschaft) für die primäre Zielgruppe der Waldbesitzer (Seintsch et al 2018-2019).

Bei den gedruckt und digital vorliegenden Quellen wurden mit Hinblick auf die primären Zielgruppen u.a. untersucht:

1. Waldpost 2021
2. Waldpost 2020
3. Waldpost 2019

4.   Fünfter Forstbericht der sächsischen Staatsregierung, 2018
5.   Forststrategie 2050, 2013

Zu den öffentlichen Quellen sind insb. auch Informationsquellen zur Marktanalyse zu nennen, also Material aus denen die bestehenden Angebote von Mitbewerbern erkannt und ausgewertet werden können. Diese sind u.a. über das Internet bezogen worden.

Weiterhin sind zu den öffentlichen Quellen auch diejenigen Informationen und Angebote zu zählen, an denen im Rahmen der o.g. explorativen Teilnahme am Markt (2.5.) teilgenommen wurde. Es wurde an folgenden Angeboten teilgenommen:

1.   Bayerische Waldbauernschule Kelheim: Online-Schulung für neue Waldbesitzer
2.   Bayerische Waldbauernschule Kelheim: u.a. Schulung für FBG-Geschäftsführer (in Präsenz)
3.   Wohllebens Waldakademie: u.a. Wald im Klimawandel (online)

Die Teilnahme an weiteren Veranstaltungen, insb. der Unterreiner Akademie, sowie der Waldbauernschule Brandenburg und des Waldbauernbriefs Thüringen ist geplant.

2.1.2. Nicht-öffentliche Quellen

Im Rahmen der Zusammenarbeit mit Partnerinstitutionen wurden auch maßgebliche Quellen verfügbar gemacht, die nicht öffentlich zugänglich sind. Das betrifft v.a. Einnahme- und Ausgabeaufstellungen, sowie Rentabilitätsrechnungen bei laufenden forstlichen Bildungsangeboten sowie das Betriebskonzept einer geplanten, vergleichbaren nationalen Bildungseinrichtung zum Themenkreis Wald. Diese Daten sind für den Bereich der Finanzierungsanalyse von maßgeblicher Bedeutung, weshalb sie hier herangezogen wurden, auch wenn sie nicht veröffentlicht sind. Da bei Übergabe der Quellen Vertraulichkeit zugesichert wurde, kann auf ihren Inhalt hier nur dem Wesen nach und in abstrakter und anonymisierter Form Bezug genommen werden.

Zu den nicht-öffentlichen Quellen zählt weiterhin die Teilnahme an den Forschungsprojekten anderer Mitbewerber, die den Untersuchungsgenstand in eigenen Projekten untersuchen. Dabei wurde an folgenden Untersuchungen teilgenommen, bei denen jeweils der Projektleiter als Experte angefragt wurde:

1.   Kuratorium für Waldarbeit (kfw) u.a.: „Waldtrainer" (Digitalisierung Waldbauernschule Brandenburg)
2.   TU Dresden: „RiKA" (Forstliche Risiko- und Krisenkommunikation sowie Akzeptanzbildung bezüglich Pflanzenschutzmaßnahmen in Wäldern als Voraussetzung für eine nachhaltige und zukunftsfähige Waldbewirtschaftung)

Da aus der Teilnahme an solchen Untersuchungen wertvolle Rückschlüsse auf das Untersuchungsdesign anderer Projektträger gewonnen werden können, ist sie für die Güte der vorliegenden Studie ausgesprochen hilfreich.

3.3. Umfragen

Im Rahmen des oben skizzierten („äußeren") methodischen Vorgehens wurde die quantitative Umfrage inhaltlich wie folgt entwickelt:

Die allgemeine öffentliche Umfrage wurde in Zusammenarbeit mit den Forstbetriebsgemeinschaften und forstlichen Verbänden in Sachsen und den benachbarten Bundesländern Sachsen-Anhalt, Brandenburg und Thüringen erstellt. Dazu wurde persönlicher, telefonischer oder schriftlicher Kontakt zu den jeweiligen Institutionen aufgenommen. Bei allen Forstbetriebsgemeinschaften in Sachsen (n=24) wurden mind. zwei Anrufversuche unternommen. Dabei wurden die vom Staatsbetrieb SachsenForst mit Stand vom 1. Mai 2022 veröffentlichten Kontaktdaten herangezogen.

Den Partnerinstitutionen wurde angeboten den Entwurf der Umfrage zu kommentieren und Änderungen, Hinzufügungen oder Löschungen vorzuschlagen. Das Feedback seitens der Partnerinstitutionen war bemerkenswert umfangreich. Die Reaktionen waren ausschließlich positiv in dem Sinne, dass die Weiterverbreitung zugesagt wurde. Bis auf wenige Ausnahmen haben alle Partnerinstitutionen außerdem z.T. sehr umfangreiche und reichhaltige Anmerkungen gemacht. Es bildeten sich drei Themenblöcke heraus, nach denen die Teilnehmer befragt werden sollten. Diese waren die Rahmendaten der Teilnehmer, ihre Aktivierung und Bindung an forstliche Verbände und Fragen zur forstlichen Bildung.

Inhaltlich wurde der Fragebogen schließlich mit dem Auftraggeber am 7. und 8. Juli 2022 final abgestimmt, wobei nur noch kleinere Anpassungen, insb. zur Begrenzung des Umfangs, vorgenommen wurden.

Die Ergebnisse lagen in Form empirischer Daten im Format Microsoft Excel vor. Zur weiteren Aufbereitung und Darstellung der Daten wurden Diagramme unmittelbar aus den Daten erzeugt. Diese sind im Ergebnisteil des Berichts abgebildet, s.u.

3.4. Experteninterviews

Die Teilnehmer der Experteninterviews wurden so ausgewählt, dass sie eine möglichst repräsentative Breite der potentiellen Zielgruppen abdecken. Maßgebliche Kriterien für die Heranziehung als Experte waren Kenntnis der potentiellen Zielgruppen und des Umfeldes, sowie Erfahrung mit den potentiellen Zielgruppen. Daher wurde mit Vertretern der forstlichen Verbände Kontakt aufgenommen und um Teilnahme an den Interviews gebeten. Schließlich wurden die interviewten Experten gebeten weitere Experten zu benennen, um die Basis möglichere Interviewpartner über die öffentlich, bzw. dem Verfasser bekannten Experten hinaus zu verbeitern.

Die Experteninterviews fanden zwischen September 2021 und Juli 2022 (bis zum Abschluss des Zwischenberichts) statt. Es wurden folgende Experten befragt:

1. Friedrich Findeisen, Geschäftsführer SDW Sachsen
2. Henrik Lindner, Geschäftsführer Stiftung Wald für Sachsen
3. Tobias Söllner, Geschäftsführer SDW Thüringen
4. Felix Mueller, Geschäftsführer SDW Brandenburg
5. Karsten Spinner, als Geschäftsführer WBV Thüringen
6. Karsten Spinner, als Dozent des Waldbauernbriefs Thüringen
7. Martin Weigand, Gemeinde- und Städtebund Thüringen, Forstreferent
8. Anne Austen, TU Dresden Tharandt, Inst. Forstpolitik
9. Prof. Dr. Norbert Weber, TU Dresden Tharandt, Inst. Forstpolitik
10. Torsten Welle, Naturwaldakademie Lübeck

Die Befragung von etwa 10 weiteren Experten ist geplant. Insbesondere sollen in der zweiten und vertieften Phase der Bedarfsanalyse Geschäftsführer von FBGn herangezogen werden, wenn sich aus den Pilotprojekten weitere Kursangebote näher abzeichnen.

3.5. Pilotprojekte

Neben dem o.g. ersten Vortrag zur forstlichen Förderung im März 2022, zu dem der Geschäftsführer angefragt wurde, erfolgten weitere Beiträge zu Veranstaltungen im Mai und Juni 2022, u.a. im Rahmen einer Schulungsveranstaltung für PEFC Auditoren und der landwirtschaftlichen Rentenbank.

Nach Eröffnung der Möglichkeiten von Pilotprojekten wurde auch die Öffentlichkeitsarbeit intensiviert, um die Basis zur Durchführung solcher Projekte und Gewinnung zusätzlicher Daten zu verbreitern. So konnten in dem sozialen Netzwerk LinkedIn bereits (Stand Juli 2022) über 200 Follower, und auf Instagram über 130 Follower gewonnen werden, was zur weiteren Validierung des empirisch festgestellten Interesses der Waldbesitzer und Waldinteressierten Öffentlichkeit herangezogen werden kann. Die Follower bei den Auftritten in den sozialen Medien sowie die Teilnehmer der Pilotprojekte wurden entsprechend des o.g. Vorgehens ab dem 8. Juli 2022 aufgefordert an den o.g. Umfragen teilzunehmen.

Als weiteres empirisches Indiz wurde die (unprovozierte) Reaktion der Öffentlichkeit auf die Waldakademie (ggf. ihre Öffentlichkeitsarbeit) herangezogen. So wurde die Geschäftsstelle im Mai 2022 initiativ von einem Waldinteressierten mit der Bitte um Mitteilung des Programms per E-Mail angeschrieben. Andere Reaktionen der Öffentlichkeit waren Anrufe in der Geschäftsstelle sowie der Initiativ-Besuch des Präsidenten des DFWR in Pfaffroda. Diese Mitglieder der (forstlichen) Öffentlichkeit wurde jeweils auch um Teilnahme an den quantitativen Umfragen gebeten.

4. Ergebnisse

4.1. Einführung

Die Ergebnisse der Untersuchungen werden entlang der Leitfragen (vgl. o.: 1.) dargestellt. Lediglich die Ergebnisse der quantitativen Umfrage werden wegen ihres besonderen Umfangs und ihrer besonderen Bedeutung zu Beginn dieses Abschnitts separat zusammengefasst.

4.2. Quantitative Umfrage

Für die Bedarfsanalyse ist es gelungen eine nennenswerte Anzahl von Interessierten zur Teilnahme an einem der empirischen Erhebungswege zu gewinnen. So nahmen an der allgemeinen öffentlichen quantitativen Umfrage über 100 Personen teil (n=1xy).

4.2.1. Demographie der Teilnehmer

An der Großen Mitteldeutschen Waldumfrage haben insgesamt 245 Personen teilgenommen. Davon bezeichnete sich die überwiegende Mehrheit (61%) als Waldbesitzer (52% Privatwald, 7% Genossenschaftlicher- oder Körperschafts-Wald, 2% Kommunalwald), 25% als Förster, 13% als Waldinteressierte und 1% als Forstunternehmer.

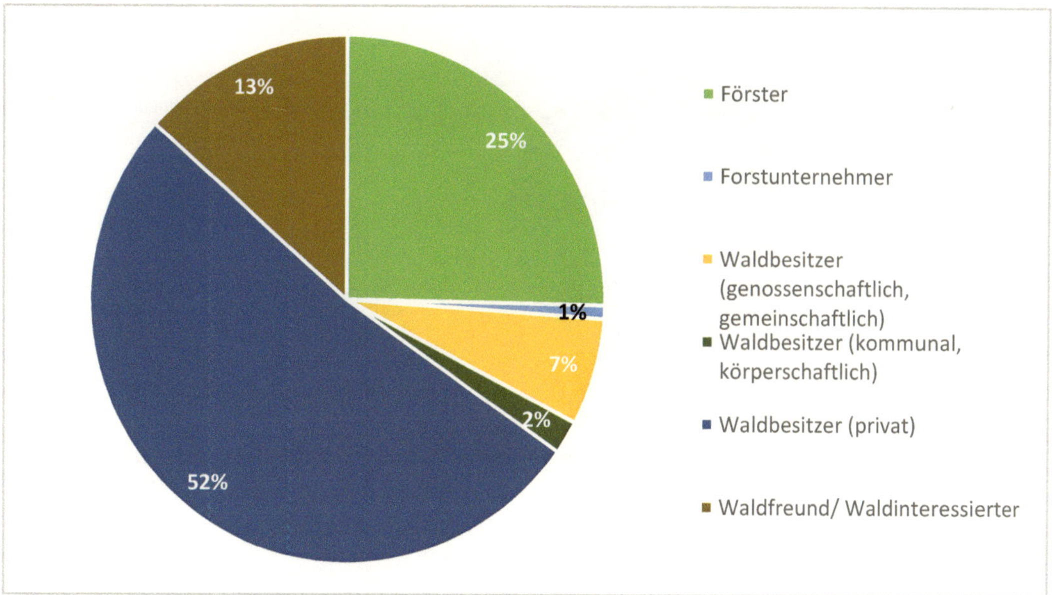

Dabei waren aufgrund der Möglichkeit zur Freitexteingaben einige Antwortmöglichkeiten zunächst nach Prüfungen zu größeren Kategorien zusammen zu fassen, um eine sinnvolle Auswertung zu ermöglichen. So wurde bspw. die nicht unerhebliche Teilnehmergruppe, die sich selbst als Forststudenten o.ä., identifiziert hat der Gruppe der Waldinteressierten zugeordnet. Andere, insb. „Mehrfachantworten" wie „Angestellter, Waldbesitzer", waren kritisch zu prüfen und einer der Kategorien zuzuordnen. So wurde bspw. die Antwort „Geschäftsführer einer forstwirtschaftlichen Vereinigung" der Kategorie „Waldbesitzer (genossenschaftlich/körperschaftlich) zugeordnet, weil er nach hier vertretener Ansicht die Interessen dieser Gruppe am ehesten repräsentiert. Andere bemerkenswerten Einzelantworten umfassten bspw. „zufällige Waldbesitzerin", „Naturschutz" oder Wanderer. Alle Originalantworten sind in der angehängten Rohfassung der Daten nachvollziehbar.

Jeweils rund ein Drittel der Teilnehmer stammte aus Sachsen, bzw. Thüringen. Das ist jedoch insofern bemerkenswert, als dass es in Thüringen mit rd. 180.000 Waldbesitzern, mehr als doppelt so viele wie in Sachsen gibt. Rund 16% der Teilnehmer stammten aus Sachsen-Anhalt, und 5% aus Brandenburg, während der Rest sich auf die übrigens Regionen verteilte. Dabei ist zu beachten, dass es sich dabei nicht unbedingt um den Wohn- oder Heimatort handeln muss, sondern um den Ort, an dem der Teilnehmer am ehesten mit „seinem Wald" verortet ist:

7. In Bezug auf „meinen Wald" bin ich hauptsächlich in folgendem Bundesland verortet:
259 Antworten

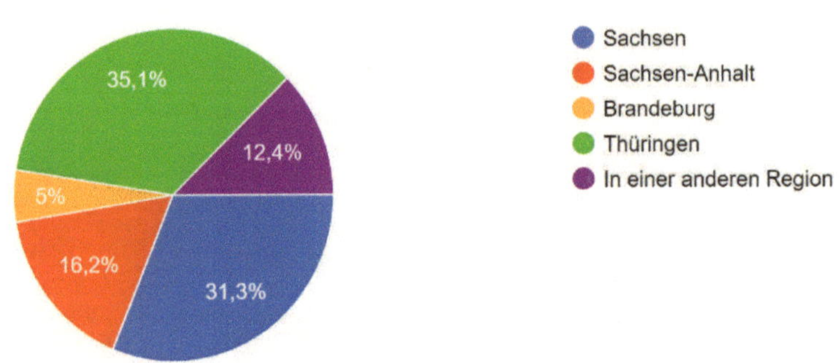

In demographischer Hinsicht haben ganz überwiegend Männer (78 %) teilgenommen, die ganz überwiegend akademisch gebildet (72%) und im ländlichen Bereich wohnhaft (73%) sind. Im Gegensatz zu diesen klaren Tendenzen bei den meisten Rahmendaten, stellten sich die Teilnehmer in Hinsicht auf ihr Alter als ausgesprochen heterogen dar.

2. Mein Alter
245 Antworten

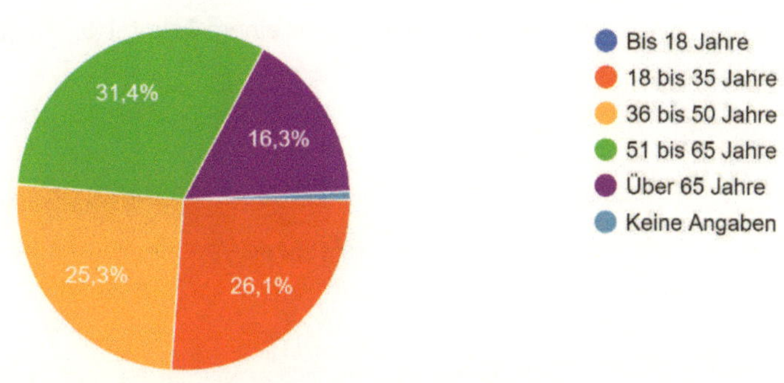

Die Größte Altersgruppe bilden die 51 bis 65-jährigen. Auffällig ist jedoch der relativ hohe Anteil in der Altersgruppe der 18- bis 35-jährigen und den geringen Anteil der über 65-jährigen.

Ein weiterer klarer Schwerpunkt ist bei der Abfrage der Waldgröße festzustellen. Dabei hat sich die überwiegende Mehrheit der Teilnehmer (60%) den mittleren und größeren Waldbesitzklassen ab 100 ha zugeordnet. Dabei sollte jedoch beachtet werden, dass dies auch die Mitgliedsfläche von FBGn, oder Betriebsfläche angestellter Förster (Forstreviere) meinen kann. In den kleineren Waldbesitzgrößen zwischen bis zu 2 ha (rd. 6%) und 50 bis 100 ha (rd. 8%) verteilte sich der Anteil zwischen 6 und 16%.

6. „Mein Wald", in dem ich mich hauptsächlich aufhalte, arbeite oder bewege, ist ungefähr in der Größenordnung:
259 Antworten

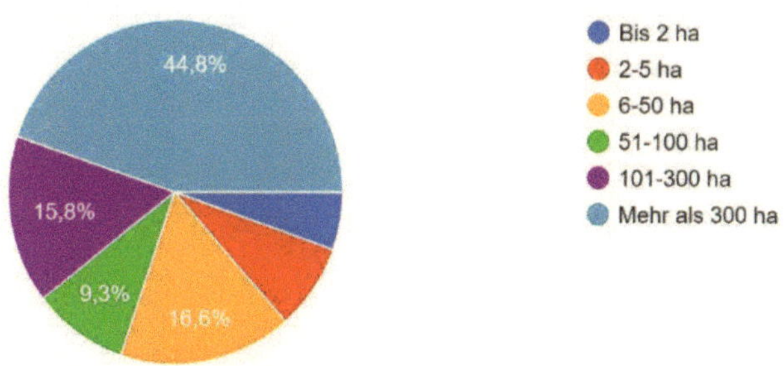

4.2.2. Aktivierung & Verbände

Auch im Bereich der Aktivierung und verbandlichen Bindung ergaben sich aus den Angaben der Teilnehmer zum Teil klare Trends. So waren fast alle Teilnehmer an der Umfrage verbandlich gebunden. Lediglich eine Minderheit von weniger als einem Zehntel (9,7%) gab an, keinem Verband anzugehören.

10. Ich bin oder war Mitglied in einem der folgenden Vereine, Verbände oder Vereinigungen (im Folgenden „Verbände").
259 Antworten

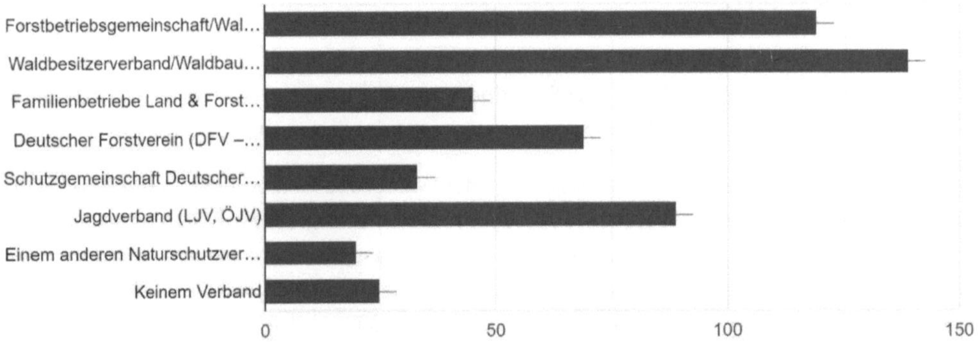

Bei der Beurteilung des eigenen Aktivitätsgrads ergab sich hingegen ein durchaus uneinheitlicheres Bild. Zwar gaben rund 2/3 der Befragten an, in der ein oder anderen Form „selbst" im Wald aktiv zu sein, in der konkreten Ausgestaltung der Aktivität ergab sich jedoch kein klarer Trend. Lediglich 4,6% gaben an, nicht aktiv zu sein:

8. Aktivität: In „meinem Wald" bin ich in meiner eigenen Wahrnehmung v.a. und überwiegend:
259 Antworten

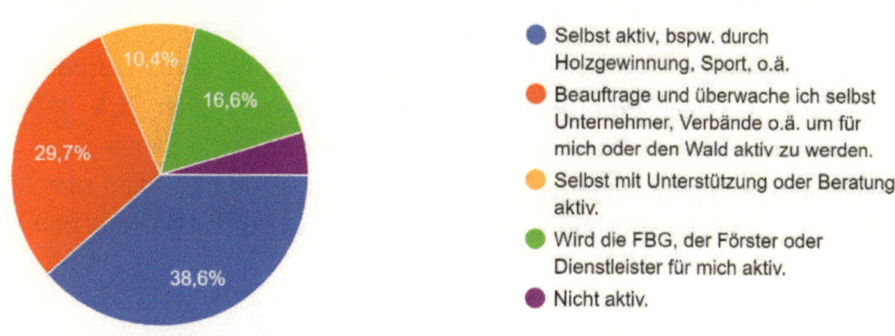

Hauptgründe für eine (noch) größere Aktivität der Teilnehmer waren dabei zum einen die Entfernung zwischen Wohnort und Wald (21,2%), die Einschätzung, dass sie sich im Wald um nichts kümmern bräuchten (13,9%), ihr Lebensalter (12,4%), ein abschreckend hoher Aufwand (11,6%) und schließlich der Wunsch, den Wald „Wald sein zu lassen" (9,7%), neben anderen, häufig sehr individuellen Gründen.

Die überwiegende Mehrheit der Teilnehmer ist einem forstlichen Verband organisiert, wobei die Waldbesitzerverbände mit rd. 54% und die FBGn mit 45% führen.

10. Ich bin oder war Mitglied in einem der folgenden Vereine, Verbände oder Vereinigungen (im Folgenden „Verbände").
259 Antworten

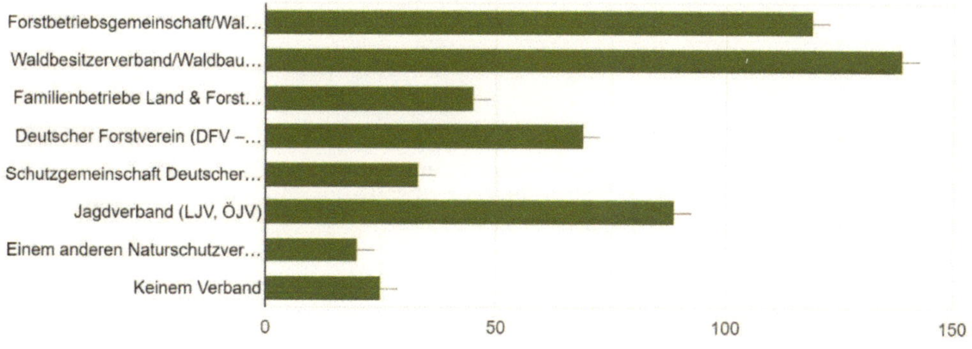

Bei den Angaben zur Verbandsmitgliedschaft zeigte sich eine hohe ideelle Bindung der Teilnehmer, die sich sowohl auf die Selbstverortung als auch die Sendung der Verbandsziele in die Gesellschaft bezog. Hervorzuhaben ist auch, dass die Mehrheit der Teilnehmer angab wegen der Angebote der Verbände Mitglied zu sein.

Dieses Interesse an Angeboten der zivilgesellschaftlichen Verbände bestätigte sich auch in der Frage nach der Teilnahme an den Veranstaltungsarten. Über 76% gaben an, regelmäßig an Veranstaltungen der Verbände teilzunehmen, aber nur 44,9% gaben dies für Veranstaltungen der staatlichen Forstverwaltungen an, was angesichts der Tatsache, dass sich 25% der Teilnehmer als (vermutlich ganz überwiegend staatlich bestellte) „Förster" bezeichnet, bemerkenswert scheint:

12. Ich nehme regelmäßig an einer der folgenden Aktivitäten teil, oder habe vor wieder daran teilzunehmen

227 Antworten

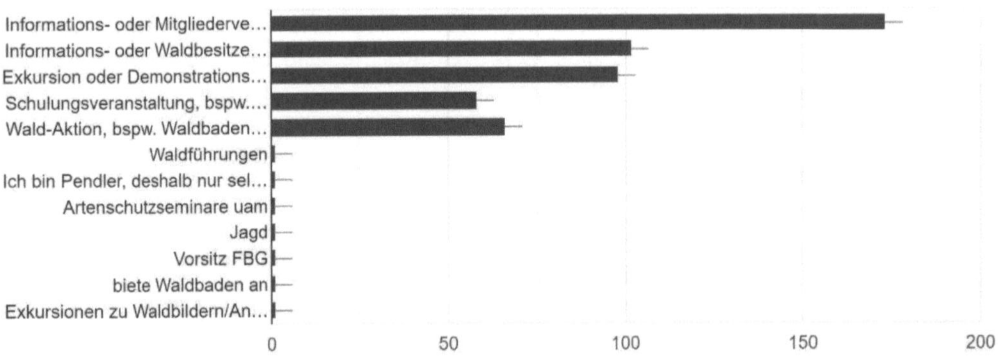

4.2.3. Bildung

Trotz der angegebenen hohen Aktivität und Selbstverortung der Umfrage-Teilnehmer haben 40% noch an keinem forstlichen Bildungsangebot teilgenommen. Von privaten Angeboten wurden am häufigsten die der Familienbetriebe (14.,5%) und der Waldbauernbrief Thüringen (8,7%) wahrgenommen.

15. Ich habe bereits an einem Wald-Bildungsangebot teilgenommen:

241 Antworten

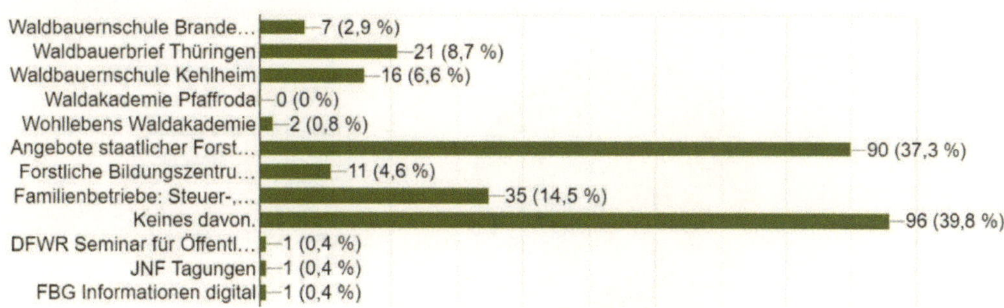

Die (grundsätzliche) Bereitschaft zur Teilnahme an einem forstlichen Bildungsangebot kann hingegen als überragend beschrieben werden kann. So planen 80% der Teilnehmer „sicher" oder „eher sicher" an einer Schulung teilzunehmen.

16. Ich interessiere mich grds. dafür, erstmals oder nochmals ein Wald-Bildungsangebot wahrzunehmen:

259 Antworten

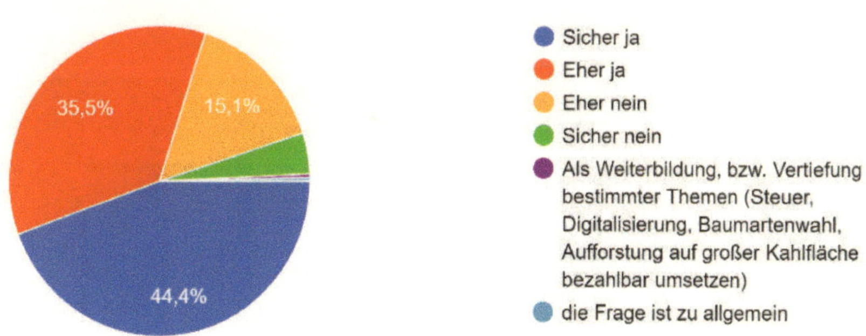

Dieses Bild großer Bereitschaft bestätigt und differenziert sich auch bei den weiteren Fragen zur Bildungsbereitschaft aus. So ist eine große Mehrheit von 60% der Teilnehmer bereit, für ein Bildungsangebot in Präsenz bis zu 2h zu fahren. Rund ein Drittel wäre allerdings nur bereit bis zu 1h zu fahren:

20. Ich wäre bereit zu einem Präsenzbildungsangebot Anreisen in Kauf zu nehmen von

244 Antworten

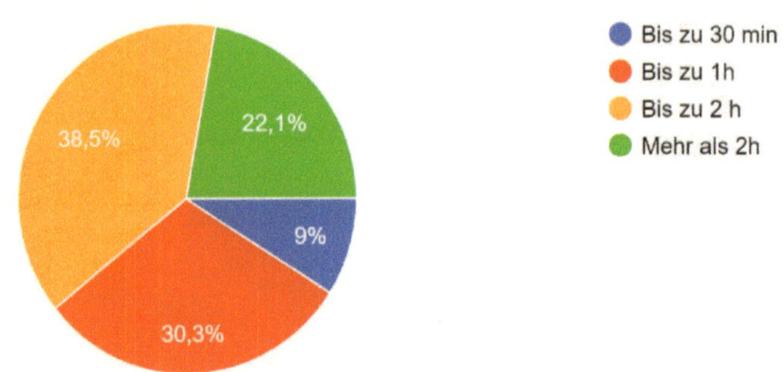

Diese unterschiedliche Reisebereitschaft bestätigt sich auch bei der Frage nach dem Veranstaltungsort. Während knapp 70% Veranstaltungen bei sich vor Ort begrüßt, spricht sich knapp die Mehrheit für einen professionellen zentralen Ort aus. Überwiegend nur auf geringe Zustimmung treffen rein digitale Angebote (nur rd. 20%):

17. Am ehesten bin ich an Wald-Bildungsangeboten interessiert, wenn sie:

243 Antworten

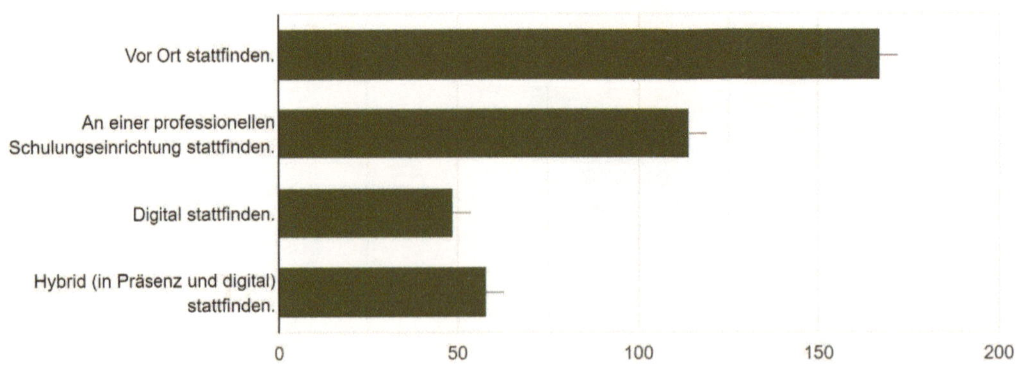

Die hohe Bildungsbereitschaft schlägt sich auch bei dem Zeitumfang nieder, den die Teilnehmer bereit wären für Wald-Bildung aufzuwenden. Dabei ist zunächst bemerkenswert, dass die Option

eines kurzen Bildungsangebots (2-6h) von nur 4 (!) Teilnehmern (1,6%) gewählt wurde. Eine Mehrheit wünscht sich ein Bildungsangebot von etwa 2 Tagen:

21. Wie viel Zeit bin ich bereit für eine Kurs aufzuwenden:
243 Antworten

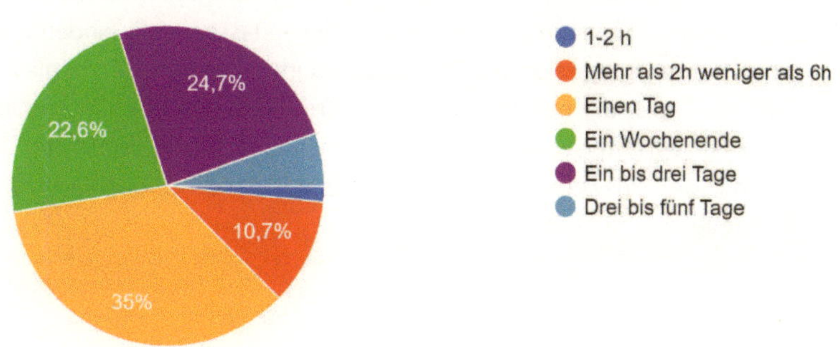

Die Zahlungsbereitschaft für ein Bildungsprogramm bewegt sich mehrheitlich im Bereich um 50 EUR (26 bis 100 EUR), wobei sehr geringe (unter 25 EUR) und sehr hohe Kosten (über 100 EUR) nur für die Minderheit der Teilnehmer in Frage kommt:

19. Abhängig vom Inhalt wäre ich bereit für ein hochwertiges Bildungsangebot zu zahlen:
237 Antworten

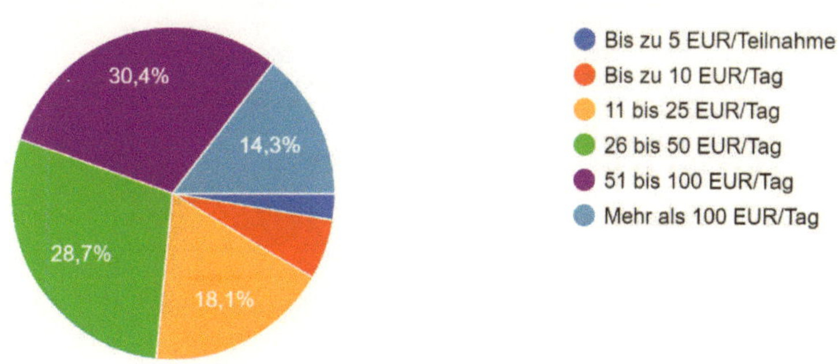

Bei einer genaueren Betrachtung der Teilmenge der Waldbesitzer konnte eine mittlere Zahlungsbereitschaft bei den Teilnehmern aus den Waldbesitzgrößen über 100 ha von 72,25

EUR/Tag und bei den kleineren Waldbesitzgrößen (kleiner 100 ha) von 48,47 EUR/Tag ermittelt werden. Bei den Teilnehmern, die nicht Waldbesitzer sind, lag die Zahlungsbereitschaft bei durchschnittlich 50,00 EUR/Tag.

Bei den Themen möglicher Wald-Bildung zeigt sich erwartungsgemäß eine breite Streuung, wobei die Vorauswahl an Themen gut gewählt gewesen zu sein scheint, da nur ein Teilnehmer die Möglichkeit zur Freitextantwort in Anspruch genommen hat. Trotz der Streuung der Antworten – bei denen Mehrfachnennungen möglich waren – lassen sich eindeutige „Publikumslieblinge" erkennen. Offenbar interessiert das Thema „Wald im Klimawandel" (möglicherweise auch aufgrund der Breite des Titels) die meisten Teilnehmer (rd. 80%). Daneben interessiert sich eine deutliche Mehrheit (über 50%) für waldbauliche Grundlagen, forstliche Förderung, Vertragsnaturschutz & Vermarktung von Ökosystemleistungen, Rechte & Pflichte von Waldbesitzern und Waldbesuchern, sowie für Steuern.

18. Folgende Themen sind aus meiner Sicht wichtig für eine Wald-Bildung:

252 Antworten

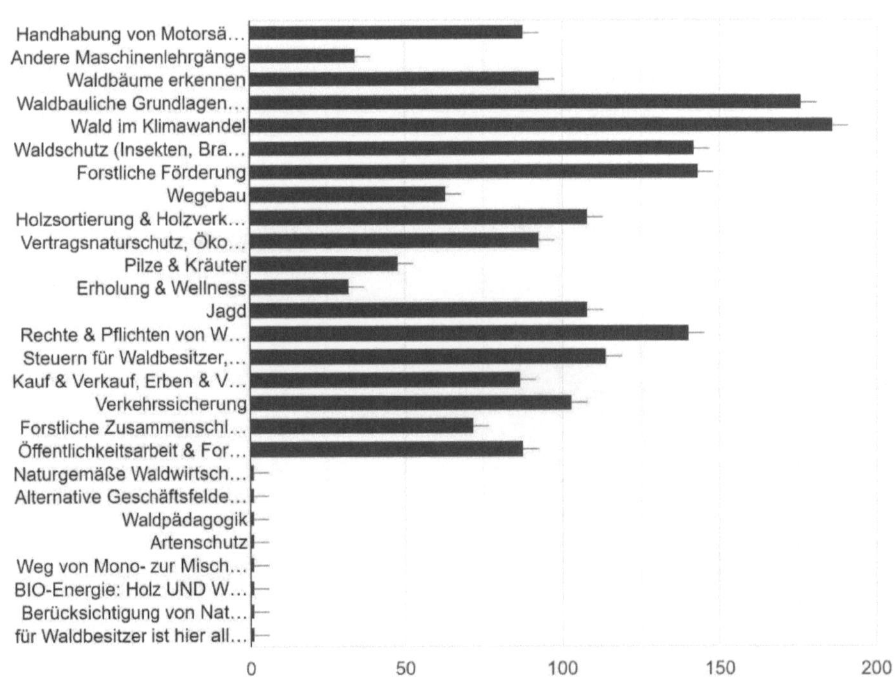

Andererseits sind auch Themen erkennbar, die offenbar weniger Interesse wecken und von weniger als 30% der Teilnehmer ausgewählt wurden. Dazu gehört zum einen eindeutig Erholung und Wellness, aber auch Wegebau sowie andere Maschinenlehrgänge als Motorsägenkurse.

Unter den erfolgreichen Anbietern von Wald-Bildung sind die Angebote staatlicher Forstverwaltungen die größte Einzelgruppe, wobei bei einer Zusammenfassung aller genannten Optionen privater Anbieter (Familienbetriebe, Waldbauernschulen) die privaten Anbieter überwiegen.

Bemerkenswert ist jedoch auch - wie oben geschildert-, dass rd. ein Viertel der Teilnehmer bisher nicht an einem (der angegeben Angebote) teilgenommen hat. Dis ist ein signifikant höherer Wert als der Anteil der Teilnehmer (10%), die sich in Bezug auf den Wald als „inaktiv" bezeichnen.

4.3. Bedarfsanalyse

4.3.1. Einführung

Aufgrund der Vielseitigkeit der Aspekte der Bedarfsanalyse (Nachfrage oder Bedarf im eigentlichen Sinne) ist eine weitergehende Strukturierung notwendig. Daher wird im nachfolgenden Abschnitt zwischen Waldbesitzgruppen einerseits, sowie innerhalb und außerhalb von Sachsen andererseits differenziert. Wie oben methodisch geschildert (2.6.), müssen nämlich die empirisch gewonnenen Daten der verschiedenen Waldbesitzarten in den verschiedenen Bundesländern (Teilgruppe der Teilnehmer der Umfrage) in Relation zur Gesamtgruppe gesetzt werden.

4.3.2. Privatwald

4.3.2.1 Sachsen

4.3.2.1.1 Grundlagen des Bedarfs

Erkenntnisse zum Bedarf im Privatwald ergeben sich aus allen vier Erhebungen (vgl. o., 2., 3.). Es besteht nach übereinstimmenden Angaben aus allen Erhebungsarten ein enormer Bedarf an Aus-, Fort- und Weiterbildung sächsischer Privatwaldbesitzer. Dieser Befund wird bereits in der Literatur mehrfach betont und durch die empirischen Erhebungen bestätigt.

In den maßgeblichen forstlichen und forstpolitischen Normen, Vorgaben, Zielvorgaben und Zustandsbeschreibungen kommt der Aus- und Weiterbildung privater Waldbesitzer eine zentrale Rolle zu. So ist die Aus- und Fortbildung der Waldbesitzer das erste Ziel für die Bewirtschaftung des Privatwaldes im Sächsischen Waldgesetz (SächsWaldG). Dort heißt es:

§ 49 Privatwald

(1) Der Privatwald wird durch fachliche Aus- und Fortbildung der Waldbesitzer sowie durch kostenlose Beratung gefördert. (...)

Dies ist einerseits eine unmittelbare Folge aus der Gesetzeszielbestimmung in § 1 Nr. 3 SächsWaldG, wonach das SächsWaldG „einen Ausgleich zwischen dem Interesse der Allgemeinheit und den Belangen der Waldbesitzer herbeizuführen" beabsichtigt. In den §§ 2 bis 33 sind im folgenden umfangreiche Anforderungen an die Waldbesitzer und die Waldbewirtschaftung formuliert, die den Gesetzeszielbestimmungen in § 1 Nr. 1 und 2 SächsWaldG dienen, den Wald und seine Funktionen wegen der Gemeinwohlleistungen für die Allgemeinheit zu erhalten und zu mehren. Wegen der grundrechtlichen Garantien der Privatwaldbesitzer in Bezug auf ihr Eigentum ist daher ein Ausgleich zwingend zu schaffen. Aus dem Rechtsstaatsgebot (Art 20 Abs. III GG) ergibt sich schließlich, dass der Bürger auch überhaupt die Möglichkeit haben muss, die komplexen Anforderungen, die ihm der Gesetzgeber (wie bspw. in §§ 2 bis 33 SächsWaldG) auferlegt, erfüllen zu können.

Zur Umsetzung und Operationalisierung des Auftrags des Waldgesetzgebers, den Privatwald durch fachliche Aus- und Fortbildung zu fördern, hat die Sächsische Staatsregierung in der „Waldstrategie 2050 für den Freistaat Sachsen" bereits im Jahr 2013 für das Jahr 2050 als klare Zielvorstellung definiert:

> *„Eine grundlegende Voraussetzung für die Gewährleistung einer ordnungsgemäßen Waldbewirtschaftung sind Waldeigentümer, die zur Wahrnehmung ihrer Eigentümerrechte und -pflichten befähigt sind. Neben waldgesetzlichen Instrumenten der Beratung sowie Aus- und Fortbildung privater Waldbesitzer können entsprechende Qualifizierungsmaßnahmen derzeit im Rahmen der Förderung aus dem Europäischen Sozialfonds durchgeführt werden. Zudem halten die forstlichen Interessenverbände Qualifizierungsangebote für ihre Mitglieder bereit.*

> *Sächsische Staatsregierung „Waldstrategie 2050 " (2013), S. 36*

Als „Erfolgsfaktor" für Meilensteine zur Zielerreichung 2050 wird als erster Punkt definiert (S. 38):

> *„Sicherstellung einer kontinuierlichen Qualifizierung der Waldbesitzer bei Ausbau der Qualifizierungsangebote durch nichtstaatliche Maßnahmenträger (zum Beispiel forstliche Verbände, Dienstleister, forstliche Zusammenschlüsse)"*

Diese grundlegenden forstpolitischen Zielvorgaben sind auch im aktuellen, fünften Forstbericht der sächsischen Staatsregierung im Jahr 2018 im Wesentlichen bestätigt worden. Die Lage wird wie folgt beschrieben (S. 38):

> *„Der Privatwald wird durch fachliche Aus- und Fortbildung unterstützt. Die privaten Waldbesitzer sollen hierdurch in die Lage versetzt werden, ihren Wald unter Beachtung der wald- und arbeitsschutzrechtlichen Bestimmungen selbst zu bewirtschaften. Das Angebot reicht von Halbtagesfortbildungen auf der Waldfläche über Waldbesitzerversammlungen bis hin zu zweitägigen Motorsägenkursen. Die Themen sind vielfältig und umfassen die gesamte Bandbreite der forstbetrieblichen Tätigkeit, wobei die regionale und temporäre Nachfrage der Waldbesitzer entsprechend berücksichtigt wird."*

An dem Ziel, die privaten Waldbesitzer zu schulen, hält die sächsische Staatsregierung auch aktuell fest. In der Förderung des Projekts Waldakademie Pfaffroda hat der Auftrag aus § 49 Abs. (1) S. 1 SächsWaldG dabei einen konkreten Ausdruck gefunden. So führte der zuständige Staatsminister Wolfram Günther am 21. September 2021 anlässlich einer aktuellen Stunde im sächsischen Landtag aus:

> *„Natürlich geht Förderung und Beratung nur gemeinsam mit den Privaten. Genau deshalb unterstützen wir die private Initiative, etwa der Waldakademie in Pfaffroda. Dort werden*

Fortbildungsangebote von Privaten für Private neben all dem organisiert, was wir im Sachsenforst tun. Gemeinsam werden wir den Waldumbau voranbringen."

Quelle: Sächsischer Landtag, Plenarprotokoll 7/36, Mittwoch, 29. September 2021, S. 2709 ff.

4.3.2.1.2 Zahlenmäßiges Aufkommen des Bedarfs

Dieser in den Gesetzen und forstpolitischen Programmen als Voraussetzung und Zielsetzungen „guter Forstpolitik" formulierte Bedarf an Waldbesitzerbildung wird durch die Ergebnisse der quantitativen Untersuchungen bestätigt. Die überragende Mehrheit der befragten Waldbesitzer gab an, dass sie sich „sicher ja" oder „eher ja" für die Teilnahme an einer Schulungsveranstaltung interessieren. Diese hohe Bereitschaft wurde durch die getrennt abgefragte Bereitschaft zur Bereitstellung von finanziellen und zeitlichen Ressourcen sowie Anreiseweg bestätigt. Sie steht aber in Kontrast dazu, dass rd. ein Drittel der Teilnehmer angaben, noch an keiner Schulungsveranstaltung teilgenommen zu haben und, außer den (unspezifisch abgefragten) Angeboten der staatlichen Forstverwaltungen, kein anderes Schulungsangebot von einem signifikanten Anteil der Teilnehmer besucht worden ist.

Dabei bestätigen die Ergebnisse der quantitativen Umfrage die von verschiedenen Experten geäußerte Vermutung, dass die Aktivität der Waldbesitzer in unmittelbarer Relation mit der Größe des Waldbesitzes steht, d.h. mit zunehmender Größe steigt und mit abnehmender Größe abnimmt. Dies zeigt sich bereits bei den Teilnehmern der Umfrage, die überwiegend (60,6%, n=157) aus dem mittleren und größeren Waldbesitz stammten.

Landesweit stellen sich die Besitzverteilungen jedoch völlig anders dar. Während rd. 50% der sächsischen Waldbesitzer, bzw. rd. 40.000 Personen über weniger als 1 ha Waldbesitz verfügen, umfasst die Personengruppe der Waldbesitzer mit über 10 ha Waldbesitz nur rd. 2.500 Personen. Waldbesitzer mit über 100 ha Waldbesitz gibt es in Sachsen sogar lediglich rd. 300.

Abbildung: Verteilung der Privatwaldbesitzer nach Eigentumsgrößen im Freistaat Sachsen

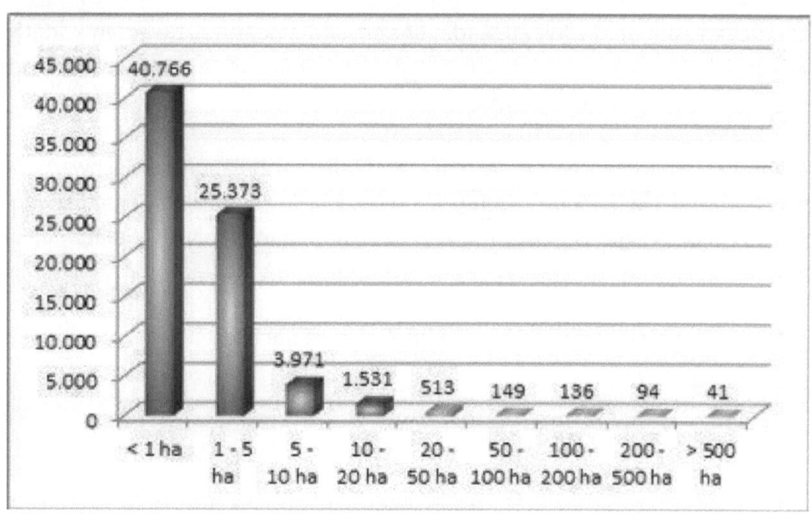

Quelle: Staatsbetrieb SachsenForst (2022)

Doch nicht nur die Bereitschaft zur Teilnahme an der Umfrage ist unter den Waldbesitzern mit mittlerem und größerem Waldbesitz höher. Auch die Bereitschaft, Zeit und Geld in solche Angebote zu investieren ist in diesen Besitzgrößen signifikant höher ausgeprägt skaliert man die Teilnahmebereitschaft auf einer Skala von 0 bis 3 (Antwortwerte zu Frage 16 „Ich interessiere mich grds. dafür, erstmals oder nochmals ein Wald-Bildungsangebot wahrzunehmen": „sicher ja" =3; „eher ja"=2; „eher nein"=1 und „sicher nein"=0) ergibt sich ein Mittelwert von 2,25 in den Waldbesitzklassen ab 100 ha, während dieser Wert bei unter 100 ha bei 2,01 liegt. Setzt man ein Ergebnis von 3,0 wiederum mit einer hypothetischen Teilnahmebereitschaft von 100% gleich, ergibt sich im größeren Waldbesitz eine Teilnahmequote von 75% und im kleinen und mittleren Waldbesitz von 67%.

Unterstellt man die Repräsentativität der Ergebnisse der Umfrage und rechnet man diese auf die oben dargestellten absoluten Zahlen hoch, kommt man zu einer grds. Bildungsbereitschaft von rd. 203 Waldbesitzern in der Kategorie über 100 ha und von rechnerisch 48.443 Waldbesitzern in der Kategorie unter 100 ha. Da aus der Gruppe der Waldbesitzer unter 100 ha jedoch lediglich rd. 1 Promille der Gesamtgruppe teilgenommen hat, ist die Validität dieser Hochrechnung in besonderer Weise kritisch zu diskutieren, vgl. u. 5.2.

4.3.2.1.3 Räumliches Aufkommen des Bedarfs

Nachdem der Bedarf zum Stand Juli 2022 identifiziert und eingegrenzt werden konnte, stellt sich die Frage, wie er sich örtlich und zeitlich darstellt, d.h. ob der Bedarf regional unterschiedlich anfällt und wie er sich mittelfristig entwickeln wird.

Der Nicht-Staatswald ist im ganzen Landesgebiet zu finden, wobei regionale Schwerpunkte schwer auszumachen sind und die Waldbesitzarten überwiegend in regionaler Gemengelage zu finden sind. Lediglich in einigen Regionen Ost- und Westsachsens bildet der Nicht-Staatswald die deutlich überwiegende Waldbesitzart.

Abbildung: Verteilung der Waldbesitzarten im Freistaat Sachsen

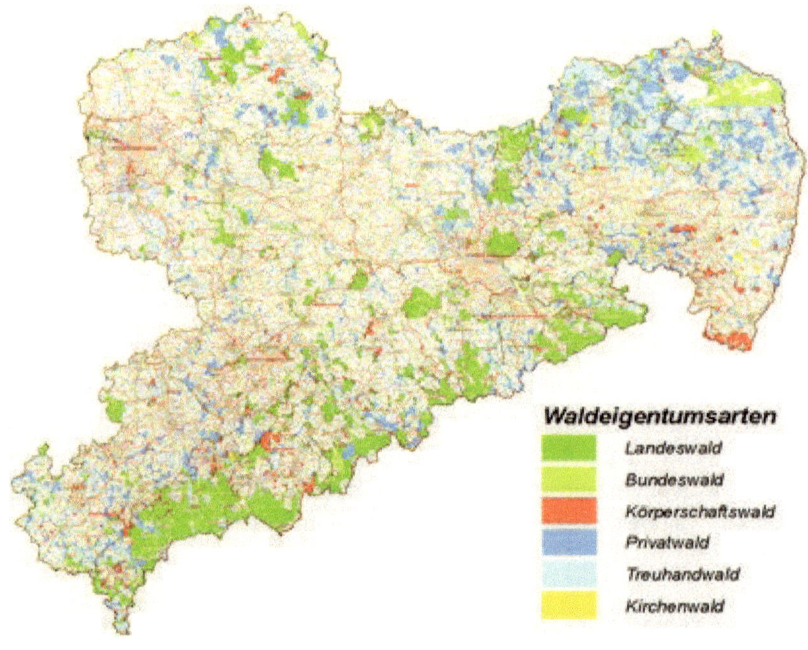

Quelle: SMEKUL 2022

4.3.2.1.4 Zeitliches Aufkommen des Bedarfs

Es stellt sich die Frage nach der zeitlichen Verteilung des Bedarfs, denn für die Zwecke des Untersuchungsauftrages und dem Ziel der Erstellung eines Betriebskonzeptes ist es entscheidend, wie der Schulungsbedarf pro Jahr einzuschätzen ist.

Dieser bemisst sich zum einen nach dem Zeitraum, in dem neue Waldbesitzer hinzukommen (ausgetauscht werden), also der Fluktualität des Waldbesitzes und zum anderen nach der „Haltbarkeit" der Schulung, d.h. wie häufig bzw. nach wie vielen Jahren ein Waldbesitzer wieder eine Schulung besuchen wird, also der Persistenz der Schulung.

Zunächst zur Fluktualität. Diese ist kontinuierlich gegeben, denn es kommt im Privatwald permanent zu Besitzübergängen durch das Versterben der Waldbesitzer (soweit sie natürliche Personen sind, was für die Zwecke dieser Untersuchung vorausgesetzt wird). Die KKGE-Studie hat ermittelt, dass jährlich 65.000 „neue" Waldbesitzer erstmals Waldeigentum erwerben. Auf Sachsen bezogen bedeutet dies, dass jedes Jahr etwa 2.800 neue Waldeigentümer hinzukommen. Dabei wird davon ausgegangen, dass neue Waldbesitzer einen höheren Ausbildungsbedarf haben als ältere. Im Bereich des Fortbildungsbedarfs tragen sie ebenfalls zur Kontinuität des Bedarfs bei.

Bezüglich der Persistenz von Waldbesitzerbildung wird aufgrund der übereinstimmenden Einschätzung von Experten davon ausgegangen, dass wesentliche Schulungsangebote (länger als 2 Tage) von Waldbesitzern nur einmal im Leben wahrgenommen werden. Folglich wäre als Persistenzzeitraum „eine Waldbesitzergeneration" anzunehmen. Der Generationszeitraum wird üblicherweise mit 30 Jahren angesetzt, was im Rahmen dieser Untersuchung als Persistenz angenommen werden soll.

4.3.2.2. Übriges Mitteldeutschland und darüber hinaus

Es wird davon ausgegangen, dass in den übrigen Bundesländern der mitteldeutschen Region die Bedarfslage im Wesentlichen ähnlich zu der in Sachsen einzuschätzen ist, auch wenn die Datenlage aus den allgemeinen quantitativen Umfragen hierzu tlw. nicht so dicht ist, wie die zu Sachsen.

In Thüringen gibt es rd. 180.000 private Waldbesitzer (ThüringenForst 2022), in Sachsen-Anhalt ca. 53.000 und in Brandenburg rd. 100.000 (MIL 2013), zusammen rund 333.000 private Waldbesitzer. Da jedoch jedenfalls die Nachbarländer Thüringen und Brandenburg bereits über Angebote im Bereich grundlegender waldbaulicher Schulungen („Waldbauernbriefe") verfügen und die potentiellen Anreiseentfernungen für solche Art Schulungen als hinderlich gewertet werden müssen, soll an dieser Stelle keine tiefgehende Analyse des Bedarfs hierfür erfolgen, sondern sich auf das Potential für weiterführende Schulungen begrenzt werden. Für solche Schulungen wird generell mit einer größeren Bereitschaft für weitere Anreisen ausgegangen, vgl. u. Marktanalyse (4.4.2.). Da diese Bereitschaft tendenziell eher in der Waldbesitzgröße über 100 ha anzutreffen ist, soll nur diese Teilgruppe in die Bedarfsanalyse einfließen. Setzt man das gleiche Verhältnis in der Waldbesitzerzahlen zwischen Waldbesitz über und unter 100 ha wie in Sachsen auch in anderen Ländern voraus, ergibt sich eine Zahl von 1.165 Waldbesitzern.

4.3.2.3. Ergebnis für den Bereich Privatwald

Zusammenfassend kann festgehalten werden, dass von den rd. 80.000 privaten Waldbesitzeinheiten in Sachsen lediglich 271 der Besitzgröße über 100 ha zugeordnet werden können.

Während die für den Waldbesitzer über 100 ha ermittelten Bedarfszahlen von 203 Waldbesitzeinheiten aus Sachsen wegen der hohen Teilnahmequoten in dieser Kategorie nach hier vertretener Ansicht als weitgehend unproblematisch valide angesehen werden kann, gilt dies für die Ergebnisse für die Kategorie unter 100 ha nicht. Die aus den Angaben dieser Teilnehmer der Umfrage ermittelten Prozentsätze zum Schulungsbedarf können daher nur näherungsweise übernommen werden. Es scheint aber sachdienlich die geringere Mobilisierung und Bereitschaft zur tatsächlichen Teilnahme im Kleinprivatwald im Rahmen der Marktanalyse zu berücksichtigen. Hier werden Abschläge von bis zu 90% vorgenommen, um ausgehend vom Bedarf auf ein realistisches Marktvolumen zu kommen.

Unabhängig von Abschlägen im Rahmen der Marktanalyse, müssen bereits für die Bedarfsanalyse die empirisch-quantitativ festgestellten Zahlen anhand qualitativer Daten überprüft werden. Dabei kann festgestellt werden, dass die Angaben der Experten den quantitativ festgestellten Bedarf weitgehend stützen. Es wurde in fast allen Interviews die Ansicht geäußert, dass der Bedarf „riesig" sei. Diese Einschätzungen sind zum einen wertvoll, weil die Experten überwiegend die gesamte Breite der Zielgruppe (Waldbesitzer und waldinteressierte Öffentlichkeit) im Blick haben und nicht nur eine Teilgruppe, bzw. wie die Teilnehmer nur eine persönliche Perspektive. Die Experten können also auch den Blick auf Bedarfe einbringen, die nicht über Teilnehmer an der Umfrage Eingang in die Bedarfsanalyse finden. Zum anderen können die Experten auch auf weiter- und tiefergehenden Bedarf hinweisen, bspw. von Zielgruppenmitgliedern, die nicht wissen ob, bzw. wieviel Bedarf sie an einer Schulung haben.

Bemerkenswert ist auch der Hinweis von mehreren Experten, dass hinter „dem" oder „einem Waldbesitzer" regelmäßig mehr als eine Person steht. Dies trifft nachvollziehbarerweise auf den körperschaftlichen oder genossenschaftlichen Waldbesitzer, bzw. der forstwirtschaftlichen Vereinigung zu, die regelmäßig durch ein Kollegialorgan geleitet und vertreten wird. Es trifft aber auch für den „klassischen Familienwald" zu. Hier wird nach Einschätzung der Experten „ein Waldbesitzer" regelmäßig von Paar- oder Gruppenkonstellationen bewirtschaftet, wie bspw. Ehegatten, Eltern-Kind, Schwiegervater-Schwiegersohn, Geschwistern, o.ä.m. Insofern könne von dem ermittelten Bedarf von Waldbesitzern auf die 1,5 bis 2,5-fache Personenzahl geschlossen werden, die an Schulungen teilnehmen würde. Diese von Experten mit Erfahrung in Waldbesitzerschulungen in anderen Bundesländern übereinstimmend geäußerte Auffassung scheint plausibel. Ihr soll daher in der vorliegenden Untersuchung gefolgt werden. Es wird daher ein mittlerer Wert von zwei teilnehmenden Personen pro Waldbesitz angenommen. Für Sachsen ergibt sich daraus ein Wert von 406 Personen aus dem Bereich des mittleren und größeren Privatwaldes.

Während der zuletzt genannte Aspekt auch für den Bereich des kleineren Privatwaldes gilt, müssen hier zunächst die empirisch ermittelten und rechnerisch daraus abgeleiteten Bedarfszahlen korrigiert werden. Von den statistisch abgeleiteten 42.500 Waldbesitzern kann ein erheblicher Abschlag aufgrund der inaktiven Waldbesitzer erfolgen. Dieser sollte bis zu 90% betragen. Demnach ergibt sich ein Wert von 4.250 Waldbesitzern, bzw. 8.500 Personen.

Der korrigierte Bedarf aus dem Privatwald in Sachsen ergibt bei einer Gesamtpersonenzahl von 8.906 und einer angenommenen Persistenz von 30 Jahren einen jährlichen Bedarf von rd. 300 Personen (296,87) pro Jahr.

Für die mitteldeutsche Region ist im Privatwald der Blick von vornherein nur auf den größeren Privatwald gerichtet worden, weil nur hier mit einer größeren Reisebereitschaft gerechnet wird. Dabei entsprechen die aufgrund der für Sachsen nachgewiesenen Zahlen ermittelten 1.165 mobilisierbaren Besitzeinheiten 2.330 Personen. Ausgehend von der o.g. Persistenz entspricht dies einem Bedarf von 77,67 Personen/Jahr.

Insgesamt ergibt sich im Privatwald in Mitteldeutschland ein Bedarf von 374 Personen, von denen 91 Personen auf den größeren Privatwald und 283 auf den Privatwald unter 100 ha entfallen.

4.3.3. Kommunalbereich

Im Marktbereich der Kommunen wurde Bedarf zum einen bei den waldbesitzenden Kommunen und zum anderen im „sonstigen kommunalen Bereich" gesehen. Während bei den waldbesitzenden Kommunen Bedarf insb. auch in Bezug auf forstliche (forstbetriebliche) Themen festgestellt werden konnte. Dieser sonstige Bereich setzt sich v.a. aus den Feuerwehren und Zivilschutzorganisationen zusammen.

4.3.3.1. Sachsen

Im Freistaat Sachsen existieren 419 Gemeinden, die 309 selbstständige oder gemeinsame kommunale Verwaltungen, bzw. Verwaltungsverbünde unterhalten. Zwar beträgt der Anteil des Körperschaftswaldes am Gesamtwald nach Angaben des Städte- und Gemeindetags nur rd. 7%, jedoch sei fast jede Gemeinde waldbesitzend.

In Sachsen wurden auch im Bereich des kommunalen Wald- und Baummanagements Hinweise auf Bedarf an Aus- und Weiterbildung festgestellt. Dieser Bedarf bezieht sich naturgemäß weniger auf forstliche Inhalte, sondern mehr auf Inhalte des Baummanagements. Dabei ergeben sich jedoch zahlreiche Schnittmengen zum forstlichen Schulungsbereich, wie bspw. Verkehrssicherung und

Motorsägenhandhabung. Als Herausforderungen wurden über die Verkehrssicherung hinaus u.a. die Umsetzung von wald- und baumbezogenen Vorgaben, wie bspw. durch den Beschluss des OVG-Bautzens, genannt.

Ein Austausch mit dem Feuerwehrverband Sachsen, mit dem ein Gespräch begonnenen wurde, konnte für die Zwecke des Abschlussberichts noch nicht nutzbar gemacht werden. Es wurde jedoch deutlich, dass Schulungsbedarf besteht. Ebenfalls konnte der Bedarf von Zivilschutzorganisationen noch nicht ermittelt werden.

4.3.3.2. Übriges Mitteldeutschland und darüber hinaus

Außerhalb von Sachsen erscheint insb. der kommunale Marktbereich in Thüringen groß und weitgehend unbesetzt. In Experteninterviews wurde geschildert, dass es bis vor kurzem ein umfangreiches Bildungsangebot für den kommunalen Bereich im staatlichen forstlichen Bildungszentrum gegeben hätte, dieses aber weitgehend eingestellt worden sei. An diesen v.a. forsttechnischen Angeboten hätten bis zu 800 Teilnehmer pro Jahr teilgenommen. Diese Zahl ist angesichts von 827 Kommunen in Thüringen beachtlich. Forstbetriebliche Angebote, bspw. zur Förderung, würden durch den kommunalen Spitzenverband weiter gewährleistet. Großer Bedarf bestünde nach Einschätzung von Experten aber bei allen Angeboten, die „im Grünen stattfinden" wie bspw. auch Geländeübungen zur Verkehrssicherung. Für diesen Bereich zeigte die Bedarfsanalyse einen dringenden Bereich und die regelrechte Aufforderung, ein Angebot zu schaffen und mit dem kommunalen Spitzenverband zusammenzuarbeiten („Die Tür ist weit offen").

4.3.3.3. Ergebnis für den kommunalen Bereich

Leider konnte der für Sachsen und Thüringen qualitativ festgestellte Bedarf durch empirische Ergebnisse nicht quantifiziert werden, da lediglich 7% der Teilnehmer der allgemeinen quantitativen Umfrage sich als Vertreter des Kommunalwaldes identifiziert haben. Daher verbleibt nur die Möglichkeit einer begründeten Vermutung, die hier zur Verringerung der Fehlerwahrscheinlichkeit für Sachsen und die übrige mitteldeutsche Region gemeinsam erfolgen soll. Daher wird der Bedarf konservativ auf 200 Personen pro Jahr aus Gemeinden, Feuerwehren und Zivilschutz eingeschätzt.

4.3.4. Waldinteressierte Öffentlichkeit, sonstige Akteure

Bemerkenswerterweise weist die Gruppe der nicht-waldbesitzenden Teilnehmer an der empirischen Umfrage mit 2,31 die höchste Teilnahmebereitschaft auf (Durchschnitt aller Teilnehmer: 2,21; größerer Waldbesitz: 2,25; kleinerer Waldbesitz: 2,01). Dieser Wert kann jedoch naheliegenderweise nicht ohne weiteres auf die Gesamtbevölkerung hochgerechnet werden. Jedoch ist es ein konkreter Hinweis auf einen Bedarf, der teilweise auch in den Experteninterviews bestätigt wurde.

Als weitere Hinweise auf das Interesse und den Bedarf aus dem Bereich des Nicht-Waldbesitzes können Erkenntnisse aus den Pilotprojekten herangezogen werden. Davon haben im ersten Quartal der Pilotprojektphase (Zweites Quartal 2022) drei Projekte stattgefunden, bei denen jeweils an Veranstaltungen anderer Organisatoren auf deren Einladung maßgeblich mitgewirkt wurde. Die Veranstaltungen richteten sich überwiegend nicht an Waldbesitzer, sondern andere im Waldbereich oder im Bezug dazu arbeitende Personen. An den Veranstaltungen nahmen rd. 150 Personen teil. Dies kann als weiterer quantifizierbarer Anhaltspunkt für eine potentielle Nachfrage aus dem Bereich der waldinteressierten Öffentlichkeit angenommen werden. Die Evaluation der Pilotprojekte ergab eine sehr hohe Zufriedenheit der Teilnehmer und eine „Weiterempfehlungswahrscheinlichkeit" von 90%, sodass auf dieser Grundlage eine Prognose erfolgen soll.

Auf ein „Normaljahr" prognostiziert kann auf dieser Grundlage folglich mit 10 Veranstaltungen mit insgesamt 500 Teilnehmern gerechnet werden. Dabei wurde ein Sicherheitsabschlag von 20% vorgenommen, da die bisherigen Veranstaltungen während üblicher „Tagungssaisons" stattfanden, und dies gegenüber „tagungsarmen" Jahreszeiten wie der sommerlichen oder weihnachtlichen Ferienzeit ausgeglichen werden muss.

Im Ergebnis soll die Gruppe der waldinteressierten Öffentlichkeit im Sinne einer konservativen Schätzung mit 1-2 Veranstaltungen mit 30 Teilnehmern in der Bedarfsanalyse berücksichtigt werden.

4.4. Marktanalyse

4.4.1. Einführung: Maßstab und Ausgabenbereitschaft

Der Untersuchungsauftrag besteht darin, wie nach Ermittlung des Bedarfs ein praxisrelevantes und praxistaugliches Bildungsprogramm konzipiert werden kann. Dabei muss bereits in der Konzeption des Programms nicht nur der Bedarf (der sehr groß sein kann), sondern auch die Ausgabenbereitschaft des Kundenkreises (die sehr groß sein kann) berücksichtigt werden.

Die Auswertung der Zahlungsbereitschaft und der Bereitschaft Zeit aufzuwenden, deutet bereits auf einen differenzierten Markt hin. Dabei nimmt die Bereitschaft Zeit und Geld für Schulungsangebote zu investieren mit der Besitzgröße zu. So sind Waldbesitzer mit über 100 ha Waldbesitz ausweislich der Ergebnisse der allgemeinen quantitativen Umfrage bereit durchschnittlich 72,25 EUR/Tag für Bildungsangebote auszugeben, während es bei Waldbesitzern unter 100 ha lediglich 48,47 EUR/Tag sind. Bei den Teilnehmern, die keine Waldbesitzer sind, ergab sich hierbei eine durchschnittliche Zahlungsbereitschaft von 50,00 EUR/Tag.

Diese Ergebnisse der quantitativen Umfrage finden Bestätigung in den Ergebnissen der Expertengespräche und den Pilotprojekten. So zeigte die Evaluation der bisherigen Pilotprojekte, dass Kostensätze von 350-500 EUR pro Stunde, bzw. pro Modul mit Vortrag und anschließender Fragestunde für 15 bis 50 Teilnehmern übereinstimmend als „günstig" bewertet wurden.

4.4.2. Waldbauliche Angebote

Im Bereich des waldbaulichen Schulungsbedarfs wurden Erkenntnisse aus der Literaturrecherche, den empirischen Umfragen und den Experteninterviews herangezogen, um aus dem festgestellten Bedarf (vgl. o, 4.3) die Rahmendaten eines Angebots ableiten zu können, wie der Bedarf realistischerweise unter Beachtung der Ausgabenbereitschaft beantwortet werden kann.

Dabei waren in einem ersten Schritt die bestehenden Angebote am Markt zu analysieren. Unter diesen kann v.a. zwischen staatlichen und privaten Angeboten unterschieden werden. Dabei bestehen in Sachsen und im Einzugsbereich der mitteldeutschen Region v.a. folgende Angebote, die näher untersucht wurden:

- Waldbautage und andere Angebote des Staatsbetriebs SachsenForst
- Waldbauernbrief Thüringen
- Waldbauernschule Brandenburg
- Waldbauernschule Kelheim
- Wohllebens Waldakademie

Dabei ist festzustellen, dass in dem Produktbereich von grundlegenden, mehrtägigen Waldbauernbriefen, wie sie in Brandenburg und Thüringen bestehen, bereits lang etablierte und angenommene Angebote im Markt vorhanden sind. Darüber, inwieweit in der Vergangenheit Teilnehmer aus Sachsen an Kursen in Thüringen, Brandenburg oder Bayern teilgenommen haben, bestehen keine quantifizierbaren Erkenntnisse. Jedoch wird angenommen, dass an einfachen waldbaulichen Kursen mit keiner nennenswerten Nachfrage aus diesen Bundesländern zu rechnen ist, da heimische Angebote bestehen. Jedoch wird angenommen, dass es Bedarf an darüberhinausgehenden Kursen für forstbetriebliche Leitung gibt. Hier wird, ausgehend von dem errechneten Bedarf von 1.165 Waldbesitzern aus den Ländern Sachsen-Anhalt, Brandenburg und Thüringen und einer durchschnittlichen Teilnehmerzahl von 2 Personen je Waldbesitzeinheit, von 2.330 Personen ausgegangen. Ausgehend von der o.g. Persistenz von 30 Jahren ergibt dies eine Schulungsnachfrage von 78 Personen im Jahr.

Insbesondere im Bereich eintägiger Informations- und Beratungsveranstaltungen von Waldbesitzern v.a. zu aktuellen Entwicklungen bietet der Staatsbetrieb SachsenForst ein lang etabliertes und rege angenommes Angebot. Dabei schwankt die Anzahl der Teilnehmer nicht unerheblich zwischen den Jahren und auch Regionen, was von Experten auf unterschiedliche Mobilisierungsgrade durch Betreuungsförster zurückgeführt wird. Eine direkte Konkurrenz zwischen den Angeboten von SachsenForst und einem zukünftigen Schulungsprogramm wird nicht erwartet, sollte aber auch durch die Produktgestaltung vermieden werden. Insofern werden die Teilnehmerzahlen beim staatlichen Angebot nicht als Marktanteil gewertet, der von einem Mitbewerber besetzt und damit vom Bedarf abzuziehen wäre, sondern als weiterer Beleg eines hohen Bedarfs angesehen.

Abbildung: Aus- und Fortbildung von privaten Waldbesitzern durch den Staatsbetrieb Sachsenforst im Berichtszeitraum des fünften Forstberichts der sächsischen Staatsregierung.

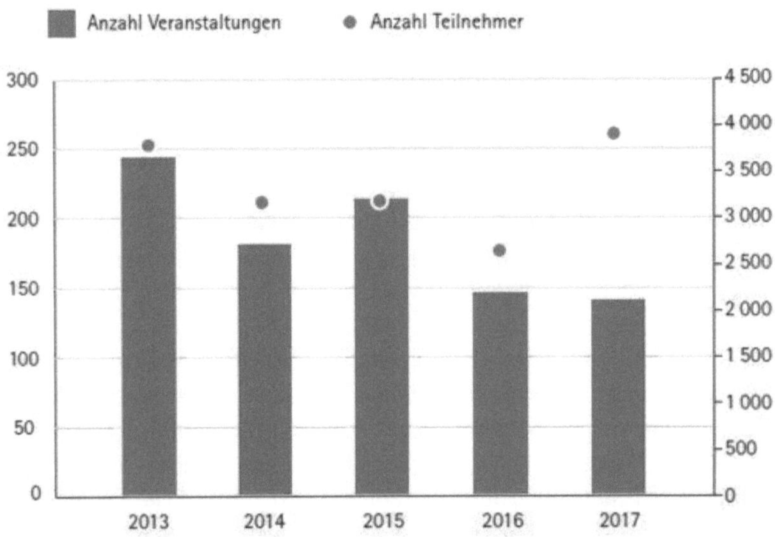

Quelle: 5. Forstbericht der sächsischen Staatsregierung, 2018, S. 38

Es konnte festgestellt werden, dass die Waldbauernschulen Brandenburg und Kelheim sowie Wohllebens Waldakademie mit Online-Angeboten auch auf den sächsischen und mitteldeutschen Markt hineinwirken. So gaben bei der allgemeinen quantitativen Umfrage zwei Teilnehmer an, bereits ein Angebot von Wohllebens Waldakademie wahrgenommen zu haben und ein Teilnehmer nannte das Online-Schulungsangebot der AGDW. Da auch lediglich 20% der Teilnehmer der allgemeinen quantitativen Umfrage angaben, ein (rein) digitales Schulungsangebot zu bevorzugen, sollen die Planungen hierzu zwar perspektivisch entwickelt werden, jedoch einstweilen zurückstehen. Erwogen werden kann jedoch, ein kostenloses digitales Kurzangebot – ähnlich wie die Waldbauernschule Kelheim – als Marketing-Instrument einzusetzen, um Interessierte für eine Teilnahme an einem bezahlten Kurs zu aktivieren.

In inhaltlicher Hinsicht können die Themen, die von den Teilnehmern als relevant bezeichnet worden sind, v.a. auch in eher Anfänger- und eher Fortgeschrittenenthemen unterschieden werden.

Abbildung: Themen für Waldschulungen aus Teilnehmersicht der quantitativen Umfrage

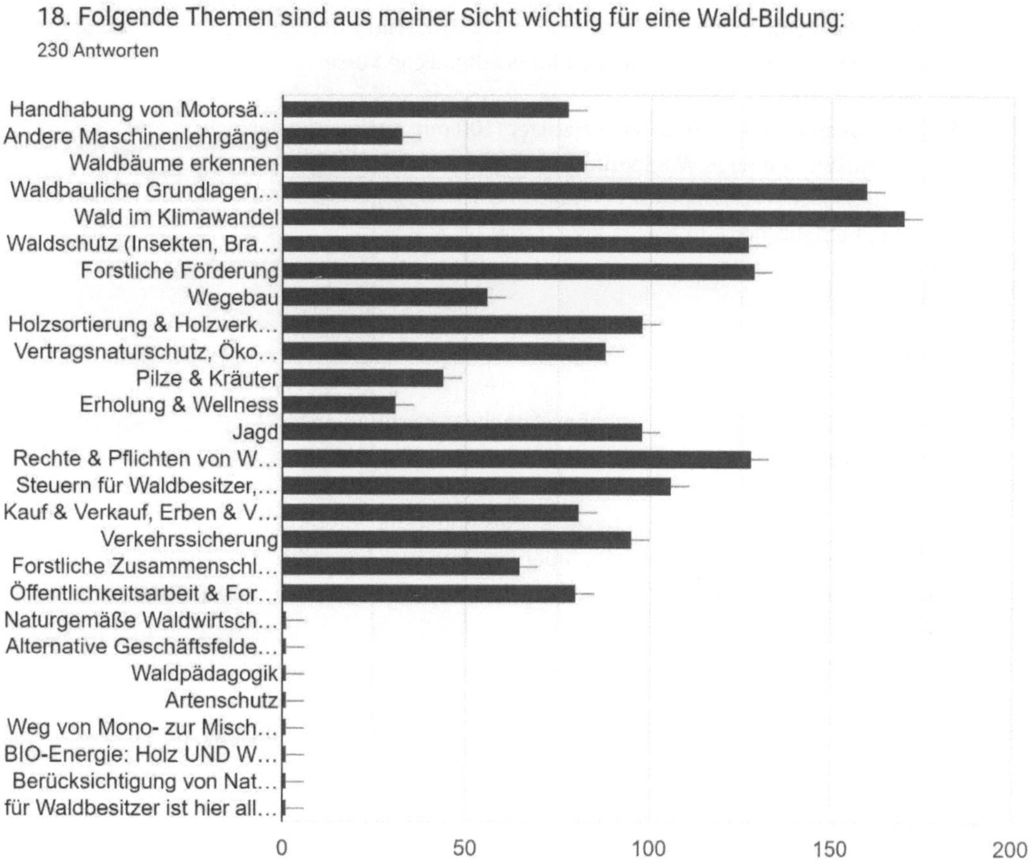

18. Folgende Themen sind aus meiner Sicht wichtig für eine Wald-Bildung:

230 Antworten

Quelle: Eigene Darstellung

Die Ergebnisse der Bedarfsanalyse zeigen, dass sich der potentielle Produktbereich entlang der Waldbesitzgrößen differenziert. Insbesondere sind die Waldbesitzer mit zunehmender Größe bereit zunehmend mehr zeitlich und finanzielle Ressourcen in Aus- und Fortbildung zu investieren. Dies sollte daher in der Entwicklung der Produktbereiche berücksichtigt werden. Da dies jedoch als eine

Frage des Betriebskonzeptes erscheint, kann im Rahmen der Bedarfsanalyse festgehalten werden, welche Auswirkungen die Themenverteilung auf die grobe Einteilung des Produktportfolios haben sollte. Darüber hinaus liegen aus vorherigen Arbeiten (Setzer 2003) weitere Hinweise für die grobe Ausgestaltung des Schulungsprogramms vor.

In Erwägung der vorgenannten Gründe und nach Diskussion mit Experten mit Erfahrungen in diesem Bereich ergeben sich vier Varianten für waldbauliche Kurse:

1.   Grundkenntnisse für neue Waldbesitzer (100 min, online - kostenlos)
2.   „Crashkurs" für neue Waldbesitzer (1 Tag)
3.   Waldbaulicher Grundkurs (2x 2 Tage)
4.   Forstbetrieblicher Aufbaukurs (2x 2 Tage)

4.4.3. Forsttechnische Angebote

Bei der Marktanalyse für die forsttechnischen Angebote wurde, wie oben für die walbaulichen Kurse beschrieben vorgegangen.

Dabei ergab eine Analyse der bereits bestehenden Angebote von Motorsägenkursen, dass bereits einige Angebote in Sachsen bestehen, aber im Bereich des mittleren Erzgebirges, um den Akademiestandort Pfaffroda herum tatsächlich eine gewisse Angebotslücke zu bestehen scheint:

Abbildung: Von der SVLFG anerkannte Standorte der Ausbildung für AS Baum I in Sachsen.

Quelle: SVLFG, Eigene Darstellung

Drüber hinaus wurde von allen Experten aus dem kommunalen Bereich übereinstimmend geschildert, dass der Eindruck besteht, dass bisherige Anbieter von Schulungen für den kommunalen Bereich sich zusehend zurückziehen, um sich auf andere Marktbereiche zu konzentrieren. Der Zeitpunkt ein neues Angebot zu platzieren, um diesen Bedarf aufzunehmen scheint daher günstig.

In inhaltlicher Hinsicht besteht für die Ausgestaltung von Motorsägenkursen weniger Spielraum, da Anforderungen von der SVLFG bestehen, die einzuhalten sind, um in den Genuss der Förderung durch die SVLF zu kommen.

Dabei besteht insb. seitens der Kommunen und der Feuerwehr Schulungsbedarf zum Sägen von Holz unter Spannung. Hierfür und für unterschiedliche Anforderungslevel sind daher Kurse von unterschiedlicher Länge und Intensität erforderlich.

Für weitere forsttechnische Kurse (über Motorsägen hinaus) hat die Bedarfsanalyse keinen Bedarf ermitteln können, weshalb eine Aufnahme in das Schulungsprogramm langfristig erfolgen soll, einstweilig aber zurückgestellt wird.

4.5. Finanzierungsanalyse

Bei der Finanzierungsanalyse handelt es sich nicht um ein Betriebskonzept, sondern im Sinne des Untersuchungsauftrages um eine explorative Annährung, um überschlägig zu ermitteln, ob die Fortführung der Konzeptionalisierung eines Schulungsprogramms für Waldbesitzer und die waldinteressierte Öffentlichkeit auf Grundlage der festgestellten Bedarfs- und Marktsituation sinnvoll ist. Dabei kann und soll die Finanzierungsanalyse jedoch Hinweise für die Ausgestaltung des Betriebskonzeptes liefern. Leitfragen für die Finanzierungsanalyse sind daher

a) welcher Finanzierungsbedarf besteht, um den Bedarf bedienen zu können, und
b) ob und wie dieser gegenfinanziert werden kann, sodass
c) im Ergebnis eine Einschätzung abgegeben werden kann, ob ein positiver oder negativer Deckungsbeitrag zu erwarten ist.

Deckungsbeitrag ist dabei der Betrag, um den die Umsatzerlöse die Produktkosten, bzw. laufenden Kosten übersteigen oder unterschreiten. Ein positiver Deckungsbeitrag stünde dann zur Deckung von Fixkosten zur Verfügung, bzw. würde ein negativer Deckungsbeitrag auf einen institutionellen Förderbedarf hinweisen.

Erkenntnisquellen sind im Rahmen der Finanzierungsanalyse die gleichen empirischen Methoden wie in den vorherigen Abschnitten (vgl. zu Methoden und Material oben: (2&3). Da die Daten u.a. nach Waldbesitzarten getrennt erhoben werden, soll auch die Analyse der Finanzierbarkeit entlang der drei hauptsächlichen Kunden und Veranstaltungskreise erfolgen:

- Private Waldbesitzer
- Kommunaler Bereich
- Waldinteressierte Öffentlichkeit und andere

Soweit es sinnvoll und erforderlich erscheint, werden allgemeine Aussagen, die auf alle drei Kundenkreise bezogen werden können, vorangestellt.

4.5.1. Finanzierungsbedarf (potentielle Kosten)

Im Bereich des Finanzierungsbedarfs wurden aus der empirischen Untersuchung folgende Hauptkostenpunkte identifiziert:

- Lohnkosten
- Raumkosten & Mieten
- Sach- und Nebenkosten (Material, Versicherungen, usw.)

Im Bereich der Lohnkosten zeigt die Marktanalyse, dass sehr unterschiedlicher Finanzierungsbedarf besteht. Die Vergleichseinrichtungen arbeiten mit stark verschiedenen Lohnmodellen. Während in der Waldbauernschule Kelheim der Schulungs- und Nebenbetrieb durch Vollzeitkräfte des öffentlichen Dienstes geleistet wird, wird der Schulungsbetrieb bei der Naturwaldakademie und Wohllebens Waldakademie durch Voll- und Teilzeitbeschäftigte sowie freiberufliche Mitarbeiter getragen. Beim Waldbauernbrief Thüringen und der Waldbauernschule Brandenburg werden Lehrkräfte ausschließlich auf Werkvertragsbasis beschäftigt, während die Verwaltung durch Angestellte einer Trägerorganisation mitbesorgt wird.

Für die Zwecke der hier anzustellenden Finanzierungsanalyse sollen die Kostensätze des Landesamtes für Umwelt, Landwirtschaft aus dem „Merkblatt zur Einführung von Personalkostensätzen im Rahmen der Richtlinie LIW/2014, Teil Wissenstransfer" herangezogen werden, da auf diesen auch eine etwaige Förderung der Schulungsmaßnahmen beruht. Demnach sind als Kostensatz pro Stunde waldbaulicher oder forstbetrieblicher Unterricht 58,- EUR heranzuziehen. Der Kostensatz für die Leistungsgruppe 1 scheint angemessen, da nur erfahrene Fachkräfte mit Hochschulstudium, didaktischer Eignung und Lehr- und Berufserfahrung in Frage kommen. Es wird mit einer Stunde Vorbereitungszeit je Stunde Unterrichtszeit gerechnet, sowie pauschal mit 1h Nachbereitung je Veranstaltungstag (Evaluation, etc.), sodass bei einem vollen Unterrichtstag im Bereich Waldbau/Forstbetrieb mit 7h Schulungen insgesamt 15h, oder 870 EUR anfallen.

Für forsttechnischen Unterricht wird der Kostensatz der Leistungsgruppe 2 (Forstwirtschaftsmeister) mit 39,- EUR/h angesetzt. Wobei hier eine geringere Vorbereitungszeit, aber eine längere Nachbereitungszeit veranschlagt wird, sodass pro Unterrichtstunde eine halbe Stunde Rüstzeit (für Vor- und Nachbereitung) hinzukommt.

Der Bereich der Raumkosten ist überschaubar, da nicht geplant ist, dass für die Schulungen eigene Räume oder Immobilien beschafft oder dauerhaft angemietet werden. Raumkosten sind insofern laufende Kosten, bzw. Produktkosten, da bei Stattfinden eines Kurses der Raum angemietet wird. Zur Ermittlung der Miethöhe wurden verschiedene Hotels in Sachsen um Kostenvoranschläge für Seminare mit bis zu 30 Teilnehmern gebeten. Leistungsumfang sollten dabei Raummiete, Bild- und Tontechnik sowie eine einfache Tagungsversorgung (Kaffee, Wasser) sein. Aufgrund unterschiedlicher Kostenstrukturen lassen sich die Kosten schwer vergleichen, aber sie lagen regelmäßig bei ca. 150,- EUR Raummiete, bis zu 50,- EUR für Seminartechnik und 300,- EUR Seminarpauschale, sodass mit Kosten von ca. 150,- bis 500,- EUR zu rechnen ist.

Material-, Sach- und Versicherungskosten wurden nach Vergleich mit anderen Schulungsangeboten mit 195,- EUR/Tag veranschlagt.

Bei der Suche nach geeigneten Lehrkräften in den Experteninterviews wurde eine Reihe von Personen empfohlen. Institutionell haben u.a. Vertreter der forstwissenschaftlichen Fakultät der TU Dresden in Tharandt, des Fachbereichs Forstwirtschaft der FH Erfurt und der Bayerischen Waldbauernschule Kelheim ihre Unterstützung, auch in personeller Hinsicht, zugesagt. Es wurden mehrere Personen wiederholt genannt, die tlw. bereits angefragt wurden, ob sie für Schulungen zur Verfügung stünden. Zugesagt haben daraufhin für den waldbaulichen und forstbetrieblichen Schulungsteil u.a. Karsten Spinner, Ass.d.FD. FD (Waldbauernschule Thüringen & Brandenburg) und Florian Born, M.Sc. (for.) (Organisator Forstvereinstagung 2022). Weiterhin steht für forstbetriebliche und forstrechtliche Fragen der Projektleiter, Justus Eberl, Ass. iur., Dr. rer. silv. bereit. Für den forsttechnischen Bereich steht Thomas Wenger (Forstbetrieb Pfaffroda) zur Verfügung.

4.5.2 Gegenfinanzierung (potentielle Einnahmen) & potentielle Partner

Die Einnahmenseite kann bei allen Kundenkreisen in

- Teilnehmerbeiträge und
- Förderbeiträge

unterschieden werden. Die Möglichkeiten von Werbungen, Industriepartnerschaften und Sponsoring sind erwogen worden. Dabei ist zum Stand des Abschlussberichts jedoch hinderlich, dass noch kein konkretes Schulungsangebot vorliegt. Darüber hinaus zeigen Vergleiche mit Schulungsprogrammen in anderen Bundesländern, dass Industriepartner zwar bereit sind Maschinen und Produkte zu Demonstrations- und Ausstellungszwecken bereitzustellen, aber bisher nicht unter allen Umständen unmittelbar bereit waren, sich auch durch direkte finanzielle Kontributionen an der Durchführung von dauerhaften Programmen zu beteiligen.

Die Höhe der Teilnehmerbeiträge ist in allen Kundenkreisen durch die Zahlungsbereitschaft der jeweiligen Kundengruppe begrenzt. Hierbei geben jedoch die Ergebnisse der quantitativen Umfragen validiert durch die Ergebnisse der Experteninterviews und Evaluationen der Pilotprojekte erste Anhaltspunkte. Dazu wurde aus den Ergebnissen der allgemeinen quantitativen Umfrage ein Mittelwert errechnet, indem von der Preisspanne, die die Teilnehmer anwählen konnten, jeweils der Mittelwert mit der Anzahl der Teilnehmer multipliziert wurde (bspw. 38 EUR in der Preisspanne 26 bis 50 EUR). Bei der Angabe „mehr als 100 EUR" wurden 150 EUR zur weiteren Kalkulation angesetzt.

Private & kommunale Waldbesitzer

Aufgrund dieser Herleitung konnte eine mittlere Zahlungsbereitschaft bei den Teilnehmern aus den größeren Waldbesitzgrößen von 72,25 EUR/Tag und bei den kleineren Waldbesitzgrößen von 48,47 EUR/Tag ermittelt werden. Dabei ist jedoch anzumerken, dass eine signifikante Spreizung auch innerhalb der gleichen Waldbesitzgrößen bei der Zahlungsbereitschaft feststellbar ist. Die Teilnehmerbeiträge sollten daher unter Berücksichtigung der Hinweise aus Expertengesprächen und in Anlehnung an den bestehenden Programmen in anderen Bundesländern 35 EUR/Tag oder Veranstaltung im grundlegenden waldbaulichen und Kurzschulungsbereich nicht übersteigen. Lediglich in dem höheren, forstbetrieblichen Angebot sollte ein Teilnehmerbeitrag von 95 EUR/Tag angesetzt werden.

Gespräche mit Experten aus dem SMEKUL weisen darauf hin, dass für Schulungsveranstaltungen für private und kommunale Waldbesitzer möglicherweise staatliche Förderung beantragt werden kann. Nach der aktuell geltenden Richtlinie Landwirtschaft, Innovation, Wissenstransfer« (LIW/2014 könnten demnach bis zu 80% der Kosten solcher Fortbildungsveranstaltungen als Förderung finanziert werden, soweit die Veranstaltung - neben anderen Voraussetzungen - darauf abzielt und dazu beiträgt, das Waldökosystem im Klimawandel zu stabilisieren.

Im forsttechnischen Bereich wird mit einer Förderung durch die SVLFG in Höhe von jeweils

- 60 EUR für einen 2-tägigen Kurs
- 75 EUR für einen 3-tägigen Kurs
- 105 EUR für einen 5-tägigen Kurs

gerechnet.

Waldinteressierte Öffentlichkeit und andere

Da im ersten Quartal der Pilotprojekte (Zweites Quartal 2022) mit drei Pilotprojekten rd. 1.500 EUR an Honoraren erlöst werden konnte (bei Übernahme von Kosten für Hilfskräfte, Reise- und Übernachtungskosten), wird gestützt hierauf und Evaluation der Pilotprojekte von einem potentiellen Jahresumsatz von 5.000,- EUR (bei einem Sicherheitsabschlag von 20%) ausgegangen. Soweit die Vor- und Nachbereitung der Veranstaltungen und Veranstaltungsbeiträge, die mit durchschnittlich 3 Arbeitstagen/Veranstaltung(-sbeitrag) veranschlagt werden, vom Personal der Waldakademie selbst erbracht wird, kann der Umsatz als Deckungsbeitrag angesehen werden.

Als zusätzliche Einnahmemöglichkeiten bestehen für diesen Kundenkreis darüber hinaus Fördermöglichkeiten, bspw. der landwirtschaftlichen Rentenbank, zur Förderung von Veranstaltungen, die sich an Multiplikatoren und gesellschaftliche Entscheidungsträger richten.

4.5.3. Bilanzbetrachtung

In einer Gegenüberstellung der potentiellen Einnahmen und potentiellen Kosten soll schließlich ermittelt werden, ob angesichts des festgestellten Bedarfs und des festgestellten Marktpotentials ein positiver oder negativer Deckungsbeitrag erwartet wird.

TN	Durch-schnittliche Kursdauer	Durchschnittlicher Kursbeitrag/Tag	Förderung	Umsatz	Kosten	Deckungsbeitrag	
100	4	38.000,00 €	25.600,00 €	63.600,00 €	32.000,00 €	31.600,00 €	Größerer Waldbesitz
100	4	14.000,00 €	25.600,00 €	39.600,00 €	32.000,00 €	7.600,00 €	Waldbau Grundlagen
300	1	10.500,00 €	12.800,00 €	23.300,00 €	16.000,00 €	7.300,00 €	Kurzschulungen
100	1	5.000,00 €	3.600,00 €	8.600,00 €	4.500,00 €	4.100,00 €	Motorsägenkurse
				10.000,00 €	1.000,00 €	9.000,00 €	Beiträge/Veranstaltungen
600	1200	67.500,00 €	67.600,00 €	145.100,00 €	85.500,00 €	59.600,00 €	Summe

Es ergibt sich auf Grundlage der oben skizzierten Berechnungen folgende Gesamtschau:

Demnach kann festgehalten werden, das unter Berücksichtigung von Fördermöglichkeiten und der festgestellten Zahlungsbereitschaft ein positiver Deckungsbeitrag erreicht werden kann. Demnach steigt der Deckungsbeitrag absolut, je mehr Kurse stattfinden und je besser diese ausgelastet sind. Unter Annahme des marktfähigen Bedarfs kann ein signifikanter Deckungsbeitrag erreicht werden, der auch gewisse Fix- und Verwaltungskosten eines Trägers abdecken könnte.

Die eingangs formulierten Leitfragen können folglich unter Zugrundelegung der vorgenannten Berechnungen im Ergebnis positiv beantwortet werden.

5. Diskussion der Bedarfsanalyse

5.1. Diskussion der Methoden und des Materials

In der vorliegenden Untersuchung werden verschiedene methodische Ansätze in Wege einer Methodentriangulation kombiniert. Das Untersuchungsdesign, das abduktive Vorgehen und die gewählten Methoden haben sich nach hier vertretener Ansicht insgesamt als tauglich erwiesen, den Untersuchungsauftrag unter rationalem Einsatz der dafür gewährten Mittel zu erfüllen. Dabei sollen im Folgenden auch die einzelnen Abschnitte und Methoden der unterschiedlichen Erhebungsarten einzeln und in einer Gesamtschau diskutiert werden.

Dabei sollen zunächst die quantitativen Datenerhebungen kritisch überprüft werden. Die Umfragen haben empirische Daten produziert, die im Wesentlichen eine Positionierung des Befragten in Bezug auf Fragen erforderte, die in unmittelbarem Zusammenhang zum Untersuchungsgegenstand stehen. Dabei kann nicht ohne weiteres davon ausgegangen werden, dass die Teilnehmer stets voll wahrheitsgemäß antworten. So könnten Antworten bspw. aus Scham oder Stolz verfälscht werden. Vorliegend könnte dies bspw. Fragen nach der Waldbesitzgröße oder dem Absolvieren von Ausbildungen betreffen.

Dafür liegen indes keine Hinweise vor. Durch die Durchführung als anonyme Online-Umfrage ist eine Kommunikationssituation, wie sie mit einem menschlichen Interviewer besteht, weitgehend ausgeschlossen. Es zeigen sich bei keinen Fragen auffällige Häufungen bei Antworten. Im Gegenteil bestätigen unabhängig voneinander und im Abstand von einigen Abschnitten gestellte Fragen nach ähnlichen Frageaspekten die zuvor gewonnen Erkenntnisse.

Doch auch die so gewonnenen und als „wahr" angenommenen empirisch-quantitativen Daten können nicht unkritisch übernommen werden. Dabei ist zunächst zu diskutieren, dass es sich beim Teilnehmerkreis der Umfragen nur um eine Teilöffentlichkeit handelt, deren Angaben nicht ohne weiteres als repräsentativ für die Gesamtöffentlichkeit angenommen werden kann. Darüber hinaus bemisst sich die Repräsentativität der Daten aber auch aus der Anzahl der Teilnehmer an der Umfrage im Verhältnis zur Gesamtgruppe.

Dabei kann (und muss) bei den Waldbesitzern zwischen Waldbesitzgrößen differenziert werden, denn diese sind sehr stark unterschiedlich ausgeprägt, vgl. o., 4.3.2, was in Verbindung mit der Anzahl der Teilnehmer an der Umfrage besonderes Gewicht hat. So hat in der Besitzgröße über 100 ha (n=271) eine signifikante (.55) Teilmenge (n=15) teilgenommen, sodass hier Repräsentativität angenommen werden kann. Hingegen hat in der Gruppe der kleineren Waldbesitzer (n=40.766) weniger als ein Promille (n=23) der Gesamtmenge teilgenommen. Dabei ist jedoch zu beachten, dass es sich bei den Angaben der Teilnehmer zu „Ihrem Wald" um eigene, nicht überprüfbare

Angaben der Teilnehmer handelt und dass darunter auch die Gesamtfläche von FBG, Gemeinden, usw. gefasst wird.

Die Repräsentativität und Validität der Ergebnisse der quantitativen Umfrage hätte erhöht werden können, wenn eine höhere Anzahl der Teilnehmer erreicht worden wäre. Dies hätte bspw. durch mehr Personal- oder Finanzeinsatz erreicht werden können, indem Personen gezielt angesprochen werden, Werbung geschaltet oder mehr Gewinne im Gewinnspiel mit der Umfrage angeboten worden wäre. Durch Einsatz des Projektleiters und Projektassistenten konnten alle FBGn in Sachsen angerufen und alle forstlichen Verbände in Sachsen, Sachsen-Anhalt, Brandenburg und Thüringen kontaktiert werden. Darüber hinaus wurden potentielle Teilnehmer unmittelbar durch den Projektleiter kontaktiert, bspw. die Teilnehmer der Experteninterviews oder andere Partner des Projekts. Durch die Ausschreibung eines Gewinnspiels unter den Teilnehmern der Umfrage im Wert von 50 EUR wurde ebenfalls ein gewisser Anreiz zur Teilnahme gesetzt. Der gewählte Einsatz von Personal- und Finanzmitteln stand nach hier vertretener Ansicht in einem vernünftigen Verhältnis zum Ziel und Umfang des Auftrags sowie der dafür gewährten Fördermittel. Ein wesentlich anderer Mitteleinsatz hätte die Ergebnisse nach hier vertretener Ansicht nicht wesentlich verbessert.

Auch hätte eine bessere Auswahl der Stichproben erfolgen können. Statt einer öffentlichen Umfrage mit Aufrufen an die Öffentlichkeit hätten auch Teilnehmer für eine repräsentative Stichprobe ausgewählt werden können.

Die Einbindung der forstlichen Verbände in die Entwicklung und Streuung der Umfrage über deren Kanäle hat die Form und das Ergebnis der Umfrage beeinflusst und ist kritisch zu diskutieren. Der sicherlich größte Vorteil ist, dass nur dadurch die sehr hohe Beteiligung erreicht werden konnte. Bei einer Rücklaufquote von 25-10% muss davon ausgegangen werden, dass die Umfrage von ca. 1.000 bis 2.500 Personen wahrgenommen wurde. Diese Anzahl wäre über rein öffentliche Wege schwer und nur unter Einsatz von ganz erheblichem Personal- und Finanzaufwand zu erreichen gewesen.

Schließlich wurden auch auf Grundlage einer Gegenüberstellung der hier vorliegenden Untersuchung mit vergleichbaren Arbeiten Rückschlüsse auf die methodische Güte und Reichweite der Ergebnisse ermöglicht. Als vergleichbare Arbeiten können hier Setzer at al (2009), die KKEG-Studie (2017) sowie das Konzept einer nationalen Bildungseinrichtung zum Themenkreis Wald angesehen werden.

Für die KKEG-Studie sind auf der Projekthomepage „Daten und Methoden" wie folgt zusammengefasst:

> *„Im Mittelpunkt unseres methodischen Vorgehens steht eine bundesweit repräsentative Telefonbefragung von jeweils rund 1.200 Personen mit und ohne Privatwaldeigentum. Die Grundgesamtheit für die Befragung bildete die deutschsprachige Wohnbevölkerung ab 18 Jahren. Die Befragung beinhaltete über 70 Fragen an die Privatwaldeigentümer und fast 40*

Fragen an die Personen ohne Waldeigentum. Eine zentrale Herausforderung bei dieser Erhebung waren v. a. die Erreichbarkeit der „seltenen" Zielgruppe der Privatwaldeigentümer für bundesweite Aussagen, sowie die Formulierung komplexer forstlicher Fragestellungen in allgemeinverständliche Fragen für die Bevölkerung.

Thünen: KKEG: Klimaschutz durch Kleinprivatwald – für Eigentümer und Gesellschaft
(thuenen.de)

Setzer et al. (2009) fassen ihre Methoden und Material wie folgt zusammen:

- *„Schriftliche Befragung aller FBGen im Freistaat Sachsen (N=29, s. Anlage 1). Der Rücklauf betrug (n=16), somit 55 %.*
- *Expertengespräche mit den Verantwortlichen für Privat- und Körperschaftswald beim Staatsbetrieb Sachsenforst und den Landratsämtern, Vertretern des Waldbesitzerverbandes sowie des Forstunternehmerverbandes.*
- *Auswertungen bestehender Schulungen und Untersuchungen in anderen Bundesländern."*

Setzer et al. (2009), S. 12

Bei der Konzeptionalisierung einer nationalen Bildungseinrichtung zum Themenkreis Wald fand eine Bedarfsanalyse nicht statt.

Die vorliegende Untersuchung kann folglich, was die Untersuchungsregion und die Methodentriangulation angeht, mit der Arbeit von Setzer et al. (2009) verglichen werden. Vom Umfang geht sie über diese Arbeit aber hinaus, ohne jedoch die Zahlen der KKEG-Studie zu erreichen. Dabei ist jedoch auch zu berücksichtigen, dass dort vier Wissenschaftler über den Zeitraum von drei Jahren beschäftigen waren und die Umfrage vom Meinungsforschungsinstitut forsa durchgeführt wurde. Dabei umfasste das Untersuchungsgebiet in der KKEG-Studie ganz Deutschland, während das Untersuchungsgebiet bei der Großen Mitteldeutschen Waldumfrage die Bundesländer Sachsen, Sachsen-Anhalt, Brandenburg und Thüringen umfasste, in denen 13,09% der bundesdeutschen Bevölkerung leben (10,04% ohne Brandenburg). Insofern erscheint die vorliegende Untersuchung, was die Zahl der befragten Personen angeht, in Relation zum Untersuchungsgebiet, durchaus vergleichbar.

Auch im Vergleich zu diesen Untersuchungen sowie zu ähnlichen Studienabschlussarbeiten wird daher hier die Meinung vertreten, dass die hier vorliegende Analyse und die ihr im wesentlichen zugrundeliegende Große Mitteldeutsche Waldumfrage in der Tat eine der umfassendsten, wenn nicht die umfassendste Untersuchung, zu dem Themenkreis ist, die bisher vorliegt.

5.2. Diskussion der Ergebnisse der Bedarfsanalyse

Der Bedarf an Bildung für Waldbesitzer und die waldinteressierte Öffentlichkeit wird im Ergebnis aller Erhebungsmethoden als sehr groß beurteilt. Sowohl die quantitativen als auch die qualitativen empirischen Erhebungen bestätigen den Befund aus der Literaturanalyse. Eine solche auffällige Übereinstimmung im Befund muss kritisch hinterfragt werden.

Dabei können zunächst die empirisch-quantitativ gewonnenen Daten methodenkritisch beleuchtet werden. Dabei ist zunächst festzustellen, dass die Teilnehmer der Umfrage nicht ohne weiteres repräsentativ, insb. für die Gruppe der Waldbesitzer, sind. Dies ist bereits an dem geringen Durchschnittsalter und der hohen Bildungsquote erkennbar. Dabei ist das niedrige Alter (die KKEG-Studie hat ein Waldbesitzer-Durchschnittsalter von über 60 Jahren ermittelt) nicht verwunderlich, da die Umfrage ausschließlich online verbreitet wurde. Dies ist aber nach hier vertretener Ansicht unschädlich, da auch die jüngeren Waldbesitzer in das höhere Alter nachrücken, sie also „erhalten" bleiben, während die älteren Waldbesitzer über nicht-digitalem Wege (Anschreiben, Anzeigen, Betreuungsförster, Mund-zu-Mund Propaganda) erreichbar sind und bleiben.

Diese Faktoren müssen daher nach hier vertretener Ansicht zu der Schlussfolgerung führen, dass der tatsächliche Bedarf und Nachfrage höher liegen als hier empirisch-quantitativ festgestellt. Weiterhin kann in der Folge nach hier vertretener Ansicht angenommen werden, dass mit Bekanntwerden des Angebots und zunehmender Marketingaktivität Nachfragereserven erschlossen und aktiviert werden können.

Mit den hier nunmehr kalkulierten Bedarfszahlen übersteigen die im Rahmen der quantitativ empirisch abgestützten Erhebung ermittelten Zahlen diejenigen, die vorläufig auf Grundlage der qualitativen Experteninterviews sowie aus der Literaturanalyse vermutet worden waren. Es war nämlich angenommen worden, dass der Bedarf wesentlich geringer sei als nunmehr festgestellt. Dieses Abweichen von der vorherigen, auch kommunizierten Auffassung der Projektleitung, ist Anlass für eine kritische Überprüfung und bedarf weiterer Rechtfertigung.

Dabei muss jedoch zunächst die unterschiedliche Weite der Betrachtung berücksichtigt werden. Damals waren lediglich einfache Waldbauseminare und Motorsägenkurse betrachtet worden und die in Teilnehmerzahlen und Umsatzvolumen wesentlich umfangreicheren Ansätze außer Acht gelassen worden. Weiterhin müssen die unterschiedlichen Methoden berücksichtigt werden: Seinerzeit standen lediglich die Ergebnisse der Literaturanalyse und einige wenige Experteninterviews zur Verfügung. Insbesondere die Zahlen aus der Literaturanalyse erwiesen sich als ungenügend. Hier waren Rückschlüsse aus einem reinen Datenvergleich mit vergleichbaren Programmen in benachbarten Bundesländern gezogen worden, was sich als nicht belastbar erwiesen hat.

Schließlich ist nach hier vertretener Ansicht die Tatsache, dass eine zuvor vertretene Ansicht im Zuge des Fortschreitens der Untersuchung, und insb. nach Gegenprüfung anhand empirisch gewonnener Daten, korrigiert werden musste, kein Hinweis auf einen methodischen Mangel, sondern auf Güte der Untersuchung.

Aus dem kommunalen Bereich der Gemeinden, Feuerwehren und dem Zivilschutz ergab sich ein konservativ abgeleiteter Bedarf von 400 Personen. Angesichts geringer Teilnehmerzahlen in der allgemeinen quantitativen Umfrage aus dem kommunalen Bereich lassen sich daraus keine Anhaltspunkte über die Teilnahmebereitschaft ableiten. Daher ist zur Absicherung der darauf aufbauenden Folgeabschnitte ein Sicherheitsabschlag auf den ermittelten Bedarf vorzunehmen. Dieser muss geringer sein als der Sicherheitsabschlag beim Kleinprivatwald, da im kommunalen Bereich tendenziell mit hauptamtlichen oder professionalisierten Ehrenamtlichen (Feuerwehr, Zivilschutz) zu rechnen ist, die überwiegend einem Aus- und Fortbildungszwang nachkommen müssen. Daher wird der Sicherheitsabschlag hier auf 50% angenommen, sodass ein Bedarf von 200 Personen angenommen wird. Aufgrund der vorerwähnten Aus- und Fortbildungserfordernisse im kommunalen Bereich und der Tatsache, dass die zugrunde gelegten Zahlen bereits auf jährlichen Zahlen beruhen, wird vorläufig keine Persistenz angenommen, d.h. es wird von einem jährlichen Schulungsbedarf in dieser Größenordnung ausgegangen.

5.3. Diskussion der Ergebnisse der Marktanalyse

Für die Marktanalyse wurden die Ergebnisse der Bedarfsanalyse mit weiteren Erkenntnissen aus dem Themenkreis Zahlungsbereitschaft, Reisebereitschaft u.ä.m. in Relation gesetzt. Diese wurden in Bezug zu den aktuell bestehenden Angeboten am Markt ausgewertet. Die Erkenntnisse zur Marktanalyse kamen ebenfalls aus allen Erhebungsmethoden.

Durch Abschläge auf den ermittelten Bedarf wurde der Tatsache Rechnung getragen, dass Bedarf nicht mit Nachfrage gleichzusetzen ist, da für potentielle Teilnehmer erhebliche Hürden bestehen bis aus einem Interesse ein tatsächlicher Kunde wird. Dabei kann die Höhe dieser Abschläge freilich diskutiert werden. Sie sind mit 90% im Kleinprivatwald bzw. 50% im Kommunalbereich nach hier vertretener Ansicht bereits recht hoch angesetzt.

Ein weiterer Faktor zur Ermittlung der marktgängigen Nachfrage ist die Persistenz, bzw. Frequenz, mit der Mitglieder potentieller Kundenkreise an Schulungen teilnehmen werden. Die hier gewählte Persistenz ist im Privatwald mit durchschnittlich 30 Jahren (1x Schulung pro Generation) jedoch bereits sehr konservativ veranschlagt. Eine noch geringere Persistenz würde bedeuten, dass der zugrunde gelegte marktgängige Bedarf nicht richtig ermittelt ist, d.h. eigentlich geringer angesetzt

werden müsste. Schließlich sind Erwägungen in diesem Bereich mit erheblichen Unsicherheiten über die zukünftige Gesamtentwicklung der sozio-ökonomischen Bedingungen behaftet.

Die Ergebnisse der quantitativen Umfrage im Bereich der Marktanalyse zeigen, dass die meisten forstlichen Bildungsangebote nicht einmal bekannt sind. Das bisherige Angebot erreicht den festgestellten Bedarf folglich nicht. Dieser quantitative Befund findet auch annähernd übereinstimmende Bestätigung in den qualitativen Erhebungen sowie den Pilotprojekten. Dabei ist aktuell unklar, ob diese unvollständige Marktdurchdringung an fehlender Bekanntheit oder einer Mangelhaftigkeit des Angebots liegt. Qualitativ feststellbar war jedoch die von Verantwortlichen gemachte Feststellung, dass ihre Schulungsangebote seit Jahren nicht grundhaft, d.h. methodisch novelliert wurden und in wesentlichen Teilen noch aus den 90er Jahren fortgeführt werden.

Die Marktanalyse deutet darüber hinaus deutlich darauf hin, dass zum einen ein wachsender Markt vorliegt und zum anderen ein Marktumfeld, in dem bisherige Anbieter in Mitteldeutschland sich offenbar zurückziehen. Dies ist folglich ein positives Umfeld, um ein neues Angebot zu platzieren.

5.4. Diskussion der Ergebnisse der Finanzierungsanalyse

Auf Grundlage der Marktanalyse konnten Rahmendaten für potentielle Produkte zur Beantwortung des Bedarfs unter Berücksichtigung der Marktsituation skizziert werden. So wurden vier verschieden (bezahlte) Schulungsangebote abgegrenzt. Für die jeweiligen Schulungsprodukte wurde der nach Sicherheitsabschlägen ermittelte marktgängige Bedarf mit einem Kostenbeitrag multipliziert, um die potentiellen Einnahmen pro Schulungsprodukt zu errechnen. Der Kostenbeitrag wurde dabei so gewählt, dass er im Rahmen der ermittelten Zahlungsbereitschaft blieb. Weiterhin wurden potentiell staatliche Beiträge und Förderbeiträge der SVLFG auf der Einnahmenseite berücksichtigt.

Es liegt auf der Hand, dass in dieser Kalkulation der Finanzierbarkeit das Schulungsprodukt in den Grenzen des empirisch festgestellten ein relativ weites Ermessen gegeben ist. Es ist im Vorhinein nicht sicher vorhersagbar, welcher Kundenkreis welches Produkt annehmen wird. Die hier vorläufig vorgeschlagene Kalkulation beruht auf einer Diskussion der möglichen Strukturierung zwischen dem Projektleiter und dem Vorsitzenden des Vereins Waldakademie Pfaffroda unter Sichtung der Finanzierungsunterlagen von zwei laufendenden Waldbesitzerschulungen in zwei benachbarten Bundesländern.

Schließlich sind die hier diskutierten Zahlen mit erheblichen Unsicherheiten angesichts des aktuellen Inflationsgeschehens behaftet. Aber nicht nur makro- sondern auch mikrowirtschaftlich bestehen die üblichen wirtschaftlichen Risiken von Betriebsabläufen, wie Ausfälle, unvorhergesehene Mehrbelastungen oder Mindereinnahmen.

Da die Förderung rückwirkend gewährt wird, sind die Veranstaltungen vom Träger vorzufinanzieren. Schon deshalb scheint ein Träger zur Finanzierung sowie zur Optimierung der Kostenstruktur weiter auf freiwillige Beiträge von Mitgliedern (Spenden) und Sponsoring angewiesen.

Doch auch nach Erwägung dieser Risiken ergibt sich auf Grundlage der Berechnungen die Prognose eines deutlich positiven Deckungsbeitrages.

Abschließend ist jedoch festzuhalten, dass es sich bei der Finanzierungsanalyse nicht um ein Betriebskonzept handelt, sondern im Sinne des Untersuchungsauftrages explorativ, annährungsweise und überschlägig ermittelt werden soll, ob die Fortführung der Konzeptionalisierung eines Schulungsprogramms für Waldbesitzer und die waldinteressierte Öffentlichkeit auf Grundlage der festgestellten Bedarfs- und Marktsituation sinnvoll ist. Diese Fragestellung kann in Zusammenfassung der Finanzierungsanalyse mit hinreichender empirisch belegbarer Sicherheit bejaht werden.

5.5. Diskussion des Gesamtergebnisses

Die Bedarfsanalyse in der Form des vorliegenden Abschlussberichts konnte interessante Erkenntnisse produzieren. Erstmals wurde der Bedarf, Markt und das Finanzierungsumfeld von forstlicher Aus- und Weiterbildung für Waldbesitzer und die waldinteressierte Öffentlichkeit in Sachsen und Mitteldeutschland umfassend empirisch untersucht. Die allgemeine quantitative Umfrage (Große Mitteldeutsche Waldumfrage) mit rd. 250 Teilnehmern hat erstmals empirisch abgesicherte quantitative Daten in der relevanten Breite und Tiefe produziert. Sie geht damit weit über bisher vorliegende, vergleichbare Untersuchungen hinaus. Die Methodentriangulation hat sich zur Absicherung und Gegenkontrolle der Ergebnisse von Literaturanalyse, quantitativen und qualitativen Erhebungsmethoden sowie Pilotprojekten bewährt. Aus der Zusammenschau und Diskussion der Ergebnisse konnten sinnvolle Erkenntnisse zur Beantwortung des Untersuchungsauftrags gewonnen werden.

Es verbleiben jedoch auch Erkenntnislücken und unbeantwortete Aspekte. So konnte der kommunale Bereich bisher nur unzureichend untersucht werden, da trotz Einbeziehung der kommunalen Spitzenverbände nur wenige Vertreter dieses Bereichs an der allgemeinen quantitativen Umfrage teilgenommen haben. Hier ist eine ergänzende Erhebung empirischer Daten notwendig. Auch die Auswertung der quantitativen Daten der Große Mitteldeutsche Waldumfrage erfordert noch weitergehende Analysen. An der Auswertung der Gesamtdaten haben bereits Einrichtungen der TU Dresden Interesse gezeigt. Ebenso die beteiligten Verbände und

Schulungsangebote. Aus der weitergehenden Auswertung auch durch Dritte werden weitere wertvolle Erkenntnisse erwartet.

Weiterhin wäre es wünschenswert, die gewonnenen Erkenntnisse in weiteren Pilotprojekten zu validieren und weiterzuentwickeln. Dies würde schließlich weitere wichtige Erkenntnisse für die Entwicklung des Betriebskonzepts (Abschlussbericht Teil II) liefern und die Bedarfsanalyse damit sinnvoll komplettieren. Schließlich ist die Entwicklung eines neuartigen Konzeptes für forstliche Bildung von vordringlichem Interesse, da bestehende Angebote nach Bekunden der dortigen Verantwortlichen seit Jahren nicht wesentlich weiterentwickelt worden sind. Es ist folglich ein Innovationsrückstand feststellbar, der bisher nur von nicht-forstlichen Akteuren wie bspw. Wohllebens Waldakademie bisher erfolgreich aufgegriffen wurde.

B) Betriebskonzept

Nachdem die Bedarfsanalyse als Zwischenbericht dem Sächsischen Staatsministerium für Energie, Klimaschutz, Umwelt und Landwirtschaft am 31.07.2022 übermittelt worden ist, informierte das Sächsische Landesamt für Umwelt, Landwirtschaft und Geologie mit Nachricht vom 24.08.2022 als zuständige Stelle über das Ergebnis der Prüfung:

> *„Die gemeinsame fachliche Bewertung des Zwischenberichtes durch das Fachreferat 52 des SMEKUL und den Staatsbetrieb Sachsenforst ergab, dass der Zwischenbericht die bisherigen Ergebnisse des Projektes darstellt und im Wesentlichen die geforderten Aussagen enthält. Aus fachlicher Sicht sind formal die geforderten Voraussetzungen für eine Fortführung des Projektes (zweite Projektphase: Ausarbeitung des Schulungsprogramms in Abstimmung mit den möglichen Interessengruppen und Kooperationspartnern) gegeben.“*

Die Ergebnisse der zweiten Projektphase sind nachfolgend dargestellt.

6. Einführung Betriebskonzept & Leitfragen
6.1. Einführung

Der Inhalt und Auftrag an das Betriebskonzept ergibt sich wie bei der Bedarfsanalyse aus dem Zuwendungsbescheid, vgl. o. „Auftrag & Hintergrund" (S. 9). Demnach ist für den Fall des erfolgreichen Abschlusses der Bedarfsanalyse vorgesehen:

> *„Wenn dies zu einem positiven Ergebnis führt, soll im Anschluss in Abstimmung mit den möglichen Interessengruppen und Kooperationspartnern ein Schulungsprogramm erarbeitet werden. Dieses soll u. a. Waldfachkurse, Waldtechnikkurse, Kurse für forstwirtschaftliche Zusammenschlüsse und Forstbetriebe, jagdliche Kurse sowie sonstige mit dem Wald und seiner Nutzung zusammenhängende Kurse umfassen. Zudem sollen Vortragsreihen und Fachtagungen zu diesem Themenbereich das Angebot abrunden.*
>
> *Zusammenfassend werden folgende Ergebnisse im Projekt angestrebt:*
> *- Das Marktumfeld für die Waldakademie Pfaffroda-Sachsen soll beschrieben und festgestellt werden, ob ein konkreter Bedarf für das vorgesehene Schulungsangebot besteht.*
> *- Für die Waldakademie Pfaffroda-Sachsen sollen zudem die „Alleinstellungsmerkmale" herausgearbeitet werden.*
> *- Das Projekt soll so zu einer umsetzbaren Konzeption der Waldakademie Pfaffroda-Sachsen führen, als Grundlage für den Betrieb und entsprechender Schulungsveranstaltungen ab Anfang 2022.*

- Erarbeitet werden soll insbesondere auch die Art des Schulungsangebotes (zentral, dezentral, mobil, neue Technologien).
- In Abstimmung mit den identifizierten möglichen Kooperationspartnern soll ein tragfähiges Konzept zur Finanzierung des Schulungs- und Veranstaltungsprogramms erarbeitet sowie die entsprechenden Vereinbarungen mit den Kooperationspartnern vorbereitet werden."

6.2. Leitfragen

Der oben wiedergegebene Auftrag wurde untersucht und in Hinblick auf die Untersuchung zur Erstellung des Betriebskonzeptes in weitere Leitfragen aufgegliedert. Dies dient v.a. dem Zweck den Auftrag operationalisierbar zu machen und eine bessere Nachvollziehbarkeit zu ermöglichen.

1. Wie müssen Kurse und andere Veranstaltungen von der Art und dem Inhalt ausgestaltet sein, um Teilnahme zu generieren?
   a. Wo sollten mögliche Veranstaltungen stattfinden?
   b. Wann sollten mögliche Veranstaltungen stattfinden?
   c. Was sollte der Inhalt möglicher Veranstaltungen sein?
2. Wie müssen Veranstaltungen und Teilnahmegebühren ausgestaltet sein, um das Schulungsprogramm nachhaltig finanzieren zu können?
   a. Wie hoch sind die Kosten möglicher Veranstaltungen?
   b. Wie hoch sind die Erträge möglicher Veranstaltungen?
3. Wie kann das Profil und die notwendige Öffentlichkeitsarbeit gestaltet sein, um aus der hohen Schulungsbereitschaft Teilnahme zu generieren?
4. Was sind die Anliegen von Interessengruppen und möglichen Kooperationspartnern?

Da die Bedeutung von Interessengruppen und möglichen Kooperationspartnern an mehreren Stellen im Auftrag hervorgehoben wird, wird die vierte Leitfrage auch bei der Bearbeitung der übrigen Leitfragen mitberücksichtigt.

6.3. Ziel

Im Ergebnis des Abschlussberichts soll ein hinreichend konkretes Betriebskonzept stehen, das auf den Ergebnissen der Bedarfsanalyse aufbaut und den daraus absehbaren Bedarf bedient. Das Betriebskonzept soll als Grundlage für den Abschluss von Kooperationsvereinbarungen mit Interessengruppen und möglichen Kooperationspartnern dienen. Daher muss es hinreichend konkret sein, muss aber auch offen sein für eine sich dynamisch ändernde Situation im Forstsektor, der Gesamtwirtschaft und politischen Lage. So hat während der Erstellung der Arbeit der Beginn des russischen Angriffskriegs auf die Ukraine auch Auswirkungen auf den Forstsektor gezeigt. Ohne dass diese (unerwartete) Änderung empirisch untersucht und mithin bewiesen werden kann, ist seit dem 24. Februar die Bedeutung der Energie- und Rohstoffsicherheit, auch in Bezug auf Holz, stark gestiegen. Damit scheint auch ein verstärktes Interesse an Motorsägenkursen und der Brennholzwerbung im eigenen Wald oder Wald anderer Waldbesitzer einherzugehen.

7. Methoden & Untersuchungsdesign

7.1. Einführung

Die aus dem Auftrag abgeleiteten Fragen gilt es mittels eines theoretisch und methodologisch abgesicherten Verfahrens zu beantworten, um gesicherte Erkenntnisse und nachvollziehbare Schlüsse zur Beantwortung der Leitfragen und Erledigung des Auftrags präsentieren zu können.

Daher sind in einem ersten Schritt die theoretischen und methodischen Grundlagen zu klären, mit denen empirische Daten gewonnen und interpretiert werden können. Das methodische Vorgehen ist in gebotener Kürze, die aber noch eine Nachvollziehbarkeit ermöglicht und nötigenfalls für verschiedene Untersuchungsabschnitte getrennt, darzustellen.

Im Ergebnisteil sollen die Resultate der durchgeführten Untersuchung möglichst detailliert und nachvollziehbar dargestellt werden. Da es sich vorliegend um praxisnahe Forschung handelt, die im vorliegenden Fall im Wesentlichen auf der Auswertung von Pilotprojekten fußt, fallen in der vorliegenden Studie Material- und Ergebnisteil zusammen.

Im anschließenden Diskussionsteil werden die Ergebnisse der Datenerhebungen diskutiert. Aus den Schlussfolgerungen der Diskussion der einzelnen Aspekte ergeben sich die Rahmenvorgaben für das Betriebskonzept, sodass sich aus der Gesamtschau der Schlussfolgerungen das Betriebskonzept ergibt. Dieses wird im Fazit auch in Gesamtschau mit der Bedarfsanalyse nochmal zusammengefasst.

7.2. Theorie der forstlichen Bildungs- und Kommunikationsarbeit

Die theoretischen Grundlagen für die Erforschung der o.g. Leitfragen stellen sich uneinheitlich dar und sind überwiegend bisher nur wenig erforscht. In der Forstwissenschaft wurde forstliche Bildungsarbeit zumeist unter dem Begriff der Waldpädagogik zusammengefasst. Diese richtet sich überwiegend an Kinder und Jugendliche. Erst in jüngerer Zeit rückt unter dem Begriff der Bildung für Nachhaltige Entwicklung (BNE) auch der erwachsene Mensch in den Fokus des Interesses.

Auf der Seite spezifisch Waldbesitzer-bezogener Ansätze überwiegen Theorien der empirischen Sozialforschung, mit denen Ansichten und Motivationen der Waldbesitzer erforscht werden sollen, bspw. wieso oder wieso sie nicht einem forstlichen Zusammenschluss beitreten. Weniger im Interesse der Forschung standen bisher Fragen nach Waldbesitzerbildung.

Diese Tendenz zeigt sich auch im Bereich der forstlichen Kommunikation. Diese ist in theoretischer Hinsicht am wohl wenigsten durchdrungen. Jedoch liegt mit dem Kompendium von Dobler, Suda und Seidl (2016) eine erste bereite theoretische Durchdringung vor, die ausdrücklich Hinweise für eine praktische Umsetzung forstlicher Kommunikation geben will. Weiterhin liegen mit den Arbeiten von Austen (2018) „Waldsterben, Wohlleben: Wie behandelt Deutschland seinen ‚Mythos Wald'?" von der TU Dresden und mit Diener von Schönberg (2022): „Kommunikationsstrategien in der Forstwirtschaft" von der FH Erfurt zwei aktuelle Studien mit inhaltlichem und regionalem Bezug zur Zielgruppe vor.

Als Anknüpfungspunkt für die Bearbeitung der Leitfragen konnte neben einer theoretischen Grundlage – die für die spätere Deutung und Einordnung der Ergebnisse in jedem Fall erforderlich ist – im vorliegenden Fall auch die Ergebnisse der Bedarfsanalyse herangezogen werden. Daraus ergeben sich bereits konkrete Ansätze für ein mögliches Schulungs- und Betriebsprogramm. Zur Validierung dieser empirisch gewonnenen Angaben aus der Bedarfsanalyse liegt daher die Durchführung von Pilotprojekten nahe. Diese Pilotprojekte können zum einen in tatsächlicher Hinsicht (Daten, Teilnehmerzahlen, Kosten, Einnahmen, etc.) ausgewertet, zum anderen können die Teilnehmer befragt werden. Neben den Teilnehmern können wegen der großen Bedeutung von Kooperationspartner auch der Teilnahme der Mitorganisatoren oder der Veranstalter, zu deren Veranstaltungen Beiträge als Pilotprojekt geleistet wurden, besondere Bedeutung zu. Sie wurden ebenfalls eingeladen, an der Evaluation teilzunehmen.

7.3. Planung & Durchführung Pilotprojekte

Art und Grundzüge des Inhalts der geplanten Pilotprojekte ergeben sich mittelbar aus dem Auftrag an die Konzeption des Betriebskonzepts, insb. aus dem Zuwendungsbescheid. Demnach soll im Betriebskonzept das Programm der Waldakademie zukünftig u.a. folgende Aspekte umfassen:

> *„Waldfachkurse, Waldtechnikkurse, Kurse für forstwirtschaftliche Zusammenschlüsse und Forstbetriebe, jagdliche Kurse sowie sonstige mit dem Wald und seiner Nutzung zusammenhängende Kurse umfassen. Zudem sollen Vortragsreihen und Fachtagungen zu diesem Themenbereich das Angebot abrunden."*

Zur inhaltlichen Ausrichtung der Pilotprojekte – sowie der Rahmensetzung für das zukünftige Schulungsprogramm und Betriebskonzept – war es erforderlich zunächst das relevante inhaltliche Umfeld der Zielgruppen jedenfalls kurz zu analysieren. Dabei muss jedenfalls skizzenhaft umrissen werden, was private und kommunale Waldbesitzer sowie die waldinteressierte Öffentlichkeit „bewegt". Dazu war es erforderlich, das forstbetriebliche und forstpolitische Umfeld der

Zielgruppen während der gesamten Projektlaufzeit zu verfolgen. Die Ergebnisse seien hier für die Zwecke des nachfolgenden Abschnitts kursorisch zusammengefasst.

Demnach stellt sich die forstbetriebliche und forstpolitische Gesamtlage weiterhin ähnlich dar, wie bereits im Projektantrag skizziert und im Zuwendungsbescheid tlw. wiedergegeben. Demnach steht der Wald zu Beginn der 2020er Jahre in Deutschland vor enormen Herausforderungen. Der Klimawandel führt zu Waldschäden, wie sie seit Jahrzehnten nicht in unserem Land beobachtet wurden. Gleichzeitig steigen die gesellschaftlichen Ansprüche an den Wald. Er soll gleichzeitig mehr Erholungsleistungen und Schutzleistungen für Klima, Natur und Menschen bereitstellen. Dies kollidiert zum Teil mit einem ebenfalls wachsenden Bedarf an Versorgungssicherheit für Holzressourcen- und Energie. Zahlreiche neuartige Fragestellungen und Herausforderungen (bspw. Honorierung Klimaschutzleistung, Kartellverfahren Holzvermarktung, Natura 2000) stellen die bisherige Wirtschaftsweise des Sektors in Frage und bergen sowohl erhebliche Chancen als auch Risiken.

Der politische Diskurs zur Definition forstpolitischer Ziele wird zunehmend kontrovers und losgelöst von den tatsächlichen Gegebenheiten und Anforderungen in den Forstbetrieben geführt. Auch die nachgefragten und für Wald und Gesellschaft lebensnotwendigen Waldleistungen geraten teilweise aus dem Blick. In der Breite der Gesellschaft und den Entscheidungsträgern geht die Nähe und ein Verstehen forstlicher Prozesse zunehmend verloren. Dieser Prozess ist jedoch auch unter den rd. 2. Mio. privaten Waldbesitzern in Deutschland zu beobachten. Obwohl hier ein erheblicher Pool von Multiplikatoren vorhanden ist, gelingt es überwiegend nicht, diesen für den Walddiskurs zu aktivieren.

Im Ergebnis dieser Kurzanalyse sowie in Zusammenschau mit dem Zuwendungsbescheid wurden folgende inhaltliche Schwerpunkte für die Pilotprojekte festgelegt:

- Motorsägenhandhabung
- Honorierung Klimaschutzleistung der Wälder
- Grundsteuer für Waldbesitzer.

Diese wurden wie folgt auf die Formate aufgeteilt:

- Waldtechnikkurse: Motorsägenkurs
- Kurse für forstwirtschaftliche Zusammenschlüsse und Forstbetriebe: Grundsteuerseminar
- Sonstige mit dem Wald und seiner Nutzung zusammenhängende Kurse: Schulungsvorträge
- Vortragsreihen und Fachtagungen: Symposium Honorierung Klimaschutzleistung, Vortrag Honorierung Klimaschutzleistung

Weiterhin wurden im Bereich der Öffentlichkeitsarbeit Pilotprojekte durchgeführt und insb. Aktivitäten in den folgenden Sozialen Medien testweise begonnen. Die verwendeten Portale umfassten:

- Instagram
- LinkedIn
- Facebook.

7.4. Evaluation der Pilotprojekte

Die Pilotprojekte wurden mittels einer online durchgeführten Umfrage evaluiert. Der Fragebogen sowie die Ergebnisse der Evaluation werden im Anhang veröffentlicht. Die Ergebnisse wurden mittels quantitativer Methoden der forstlichen Sozialforschung evaluiert (vgl. o.). Die Ergebnisse werden jedoch anhand qualitativer Kriterien diskutiert, denn es kommt darauf an ihre Bedeutung anhand der o.g. 4 (qualitativen) Leitfragen zu interpretieren. Dabei werden auch die Ergebnisse aus der Bedarfsanalyse ergänzend herangezogen, insb. in Bezug auf die Frage, ob deren Ergebnisse verifiziert oder falsifiziert werden können.

7.5. Zielgruppenanalyse

Die Planung, Durchführung und Evaluation der Pilotprojekte wurden ergänzt durch eine Analyse der möglichen und erreichten Zielgruppen. Zielgruppe ist dabei zunächst der Kreis potentieller Teilnehmer und Kunden. Diese Analyse diente jedoch auch dazu, die im Auftrag mehrfach hervorgehobenen Interessengruppen und möglichen Kooperationspartner zu identifizieren und im Sinne der 4. Leitfragen ihre Anliegen zu analysieren.

Die Zielgruppenanalyse der Teilnehmer erfolgte auf Grundlage der sog. Sinus-Milieus der Sinus GmbH, die sich bereits seit längerem als Grundlage forstlicher Sozialforschung bewährt haben (von Schönberg 2022). Geleitet wurde die Untersuchung dabei von den grundlegenden Ergebnissen der bundesweiten Telefonumfrage zum Privatwaldbesitzer, die von Feil et al (2018) maßgeblich ausgewertet wurde. Dieser Studie liegen ebenfalls die Sinus-Milieus zugrunde. Als umfangreichste und aktuellste Studie zum Themenbereich der Bedarfsanalyse kann sie nach hier vertretener Ansicht als valide Grundlage herangezogen werden.

Für die vorliegende Studie lagen nicht ausreichende Ressourcen vor, um die potentiellen Zielgruppen sowie die Teilnehmer der Pilotprojekte entsprechend der o.g. Vorbildarbeiten nach Sinus-Milieus zu analysieren. Die Sinus-Milieus sowie die vorgenannten Studien wurden jedoch als Leitgedanken für die Konzeptionalisierung der Pilotprojekte sowie die Diskussion und Interpretation der Evaluationsergebnisse und des Gesamtergebnisses verwendet.

Die Zielgruppenanalyse der Interessengruppen und möglichen Kooperationspartner folgt mittelbar aus der Zielgruppenanalyse der Teilnehmer. Da es sich anders als bei den Teilnehmern um qualitative empirische Daten handelt, die sich aus Einzelgespräch mit den Spitzenvertretern der Interessengruppen und möglichen Kooperationspartnern ergeben, kann insoweit auf die o.g. Methodik zu qualitativen Methoden verwiesen werden.

8. Material & Ergebnisse

8.1. Übersicht

Die durchgeführten Pilotprojekte lassen sich in insgesamt neun Teilprojekte unterscheiden. Diese lassen sich weiter den Bereichen Wald- und Umweltbildung sowie Öffentlichkeitsarbeit und Multiplikatorenschulung zuordnen. Damit folgen die Pilotprojekte dem Auftrag aus dem Zuwendungsbescheid, ein Programm zu erarbeiten, dass *„u.a. Waldfachkurse, Waldtechnikkurse, Kurse für forstwirtschaftliche Zusammenschlüsse und Forstbetriebe, jagdliche Kurse sowie sonstige mit dem Wald und seiner Nutzung zusammenhängende Kurse umfassen [soll]. Zudem sollen Vortragsreihen und Fachtagungen zu diesem Themenbereich das Angebot abrunden."*

Trotz der unterschiedlichen Ausrichtung und Formate erfolgt die Darstellung der Pilotprojekte hier nach einem einheitlichen Schema um eine Vergleichbarkeit zu erleichtern. Die Auflistung erfolgt in umgekehrt chronologischer Reihenfolge, beginnend beim rezentesten. Aus Gründen des Datenschutzes können nicht alle Daten und Fotos in der veröffentlichten Version des Berichts abgebildet werden.

8.2. Pilotprojekte Wald- und Umweltbildung

8.2.1. Motorsägenkurs

Der Motorsägenkurs trug den Langtitel „Einführungskurs in den sicheren Umgang mit der Kettensäge und in die Waldarbeit" und fand von Freitag auf Samstag, den 28. bis 29. Oktober 2022 in Pfaffroda statt. Hauptreferent war Dipl.-Ing. (Forst.) Thomas Wenger. Josef Finkenzeller und Florian Born, M.Sc. (Forst) assistierten.

Es nahmen 11 Teilnehmerinnen und Teilnehmer am Kurs teil, nachdem ein Teilnehmer kurzfristig abgesagt hatte. Die Teilnehmerzahl war ursprünglich auf mindestens 10 und höchstens 12 Teilnehmer festgelegt worden.

Der Kurs war mehrfach überzeichnet, sodass eine Warteliste geführt wurde. Weitere Interessenten konnten aus terminlichen Gründen nicht an dem festgesetzten Termin. Mehrfach wurde Interesse an weiterführenden Kursen (AS Baum I) sowie anderen Maschinenlehrgängen geäußert.

Die Unterbringung erfolgt eigenständig, wobei ein Zimmerkontingent in einem Gasthaus im nahegelegen Olbernhau vorreserviert war.

Am ersten Schulungstag wurden zunächst theoretische Inhalte vermittelt. Diese beinhalteten unter anderem Sicherheitsaspekte, rechtliche Grundlagen sowie Schnitt- und Fälltechniken. Anschließend wurde die nach jedem Einsatz durchzuführende fachgerechte Wartung exemplarisch durchgeführt. Am darauffolgenden Tag wurden zunächst auf dem nahegelegenen Holzplatz die zuvor gelernten

Schnitttechniken von jedem Teilnehmer an Übungsstämmen durchgeführt. Anschließend konnten die Teilnehmenden im Wald unter Realbedingungen ausgewählte Bäume fällen und entasten.

Fotodokumentation

Abbildung 8.2.1.1.: Bewerbung in den sozialen Medien

Abbildung 8.2.1.2.: Weitere Fotodokumentation

8.2.2. Grundsteuerseminar

Das Grundsteuerseminar trug den Langtitel „Grundsteuerreform in Sachsen und Thüringen – Unendliche Geschichte oder Licht am Ende des Tunnels? – Was Waldbesitzer jetzt tun sollten" und fand am Freitag, 14. Oktober 2022 in Pfaffroda statt. Beginn war um 15 Uhr. Hauptreferent war der Geschäftsführer der Waldakademie Prof. Dr. Justus Eberl. Florian Born, M.Sc. (Forst) assistierte. Als weiterer Hauptreferent war ursprünglich auch Steuerberater Dr. Roland Wierling vorgesehen gewesen. Nachdem die Anmeldungen überraschend gering ausfielen, wurde mit Dr. Wierling eine Verschiebung seiner Teilnahme auf einen späteren Wiederholungstermin verschoben. Nach Angaben von Dr. Wierling waren die geringen Anmeldezahlen aus seiner Sicht nicht überraschend, da das Thema – auch zu seiner Verwunderung – von den meisten Waldbesitzern weiterhin ignoriert würde. Da eine Verschiebung der ursprünglich für Ende Oktober vorgesehenen Frist bereits allgemein erwartet wurde, sei erst Anfang nächsten Jahres mit einem erhöhten Interesse zu rechnen.

Es nahmen 15 Teilnehmerinnen und Teilnehmer am Kurs teil, nachdem zwei Teilnehmer kurzfristig abgesagt hatten. Die Teilnehmerzahl war ursprünglich auf mindestens 10 und höchstens 50 Teilnehmer festgelegt worden. Vier Teilnehmer waren Frauen. Zwei Teilnehmer waren Studenten unterer Altersklassen. Die übrigen Teilnehmer waren fortgeschrittenen Altersklassen zuzuordnen. 13 Teilnehmer waren Waldbesitzer, zwei waren Förster (forstliche Angestellte bzw. Dienstleister). 13 Teilnehmer stammten aus Sachsen, zwei aus Thüringen.

Die Bewerbung der Veranstaltung fand über soziale Medien sowie eine Rundmail statt. Die Email wurde mehrfach u.a. von forstlichen Verbänden weitergleitet, bspw. dem Sächsischen Waldbesitzerverband e.V. und dem Verband der Familienbetriebe Land & Forst Sachsen und Thüringen e.V..

Die Anmeldung erfolgte per Email oder Telefon.

Eine Teilnehmergebühr wurde nicht erhoben.

Schulungsunterlagen oder eine Teilnahmebescheinigung wurden nicht ausgegeben.

Fotodokumentation

Abbildung 8.2.2.1.: Bewerbung in den sozialen Medien

Abbildung 8.2.2.2.: Bericht in den sozialen Medien

Abbildung 8.2.2.3.: Weitere Fotodokumentation

8.2.3. Schulungsvortrag Familienbetriebe

Der Schulungsvortrag trug den Langtitel „Geschäfte mit Carbon Cowboys oder Warten auf den Staat – Was Waldbesitzer jetzt tun sollten" und fand am Dienstag, 8. November 2022 in Nordsteimke bei Wolfsburg statt. Der Referent des Vortrags war der Geschäftsführer der Waldakademie Prof. Dr. Justus Eberl. Der Schulungsvortrag fand im Rahmen des zweitätigen sog. Herbstseminars des Bundesverbandes der Familienbetriebe Land & Forst e.V. statt.

Weiterer Referenten waren Professoren von Universitäten und Forschungseinrichtungen, sowie Vertreter freier beratender Berufe.

Es nahmen 56 Teilnehmerinnen und Teilnehmer am Seminar teil. Etwa 20% der Teilnehmer waren Frauen. Etwa 20% der Teilnehmer waren unteren Altersklassen, die übrigen Teilnehmer waren fortgeschrittenen Altersklassen zuzuordnen. Die Teilnehmer waren überwiegend erwerbswirtschaftliche Waldbesitzer und Landwirte. Die Teilnehmer stammten aus dem ganzen Bundesgebiet.

Die Bewerbung der Veranstaltung fand über soziale Medien sowie Rundemails des Bundes- sowie der Landesverbände statt. Die Anmeldung erfolgte über eine online geführte Veranstaltungseingabemaske der Familienbetriebe. Die Teilnehmergebühr betrug 150 bis 300 EUR/Teilnehmer, gestaffelt nach Alter des Teilnehmers sowie Dauer der Teilnahme. Für den einstündigen Vortrag entrichteten die Veranstalter einen Betrag von 350 EUR/h an die Waldakademie.

Schulungsunterlagen (Folien der Vorträge) wurden ausgegeben, nicht jedoch Teilnahmebescheinigungen.

Eigenständige Bewerbung in den sozialen Medien erfolgte nicht.

8.2.4. Schulungsvortrag PEFC

Der Schulungsvortrag trug den Langtitel „Abweichungen von der Vorgabe „Einhaltung gesetzlicher Forderungen" und fand am Dienstag, 18. Mai 2022 in Göttingen statt. Der Referent des Vortrags war der Geschäftsführer der Waldakademie Prof. Dr. Justus Eberl. Der Schulungsvortrag fand im Rahmen der zweitätigen sog. Auditorenschulung (des Bundesverbandes) von PEFC Deutschland e.V. statt.

Weitere Referenten waren Mitarbeiter von PEFC und Wissenschaftler von Universitäten und Forschungseinrichtungen, sowie Vertreter freier beratender Berufe.

Es nahmen ca. 50 Teilnehmerinnen und Teilnehmer am Seminar teil. Etwa 50% der Teilnehmer waren Frauen. Etwa 50% der Teilnehmer waren unteren Altersklassen, die übrigen Teilnehmer waren fortgeschrittenen Altersklassen zuzuordnen. Die Teilnehmer waren ganz überwiegend freiberufliche Auditoren, darunter Forstwissenschaftler, Ökologen, Biologen u.ä.. Die Teilnehmer stammten aus dem ganzen Bundesgebiet.

Die Bewerbung der Veranstaltung fand PEFC-intern statt. Die Anmeldung erfolgte über PEFC. Die Teilnehmergebühr ist nicht bekannt. Für den einstündigen Vortrag entrichteten die Veranstalter einen Betrag von 350 EUR/h an die Waldakademie.

Schulungsunterlagen (Folien der Vorträge) wurden ausgegeben, nicht jedoch Teilnahmebescheinigungen.

Abbildung 8.2.4.1.: Bericht soziale Medien.

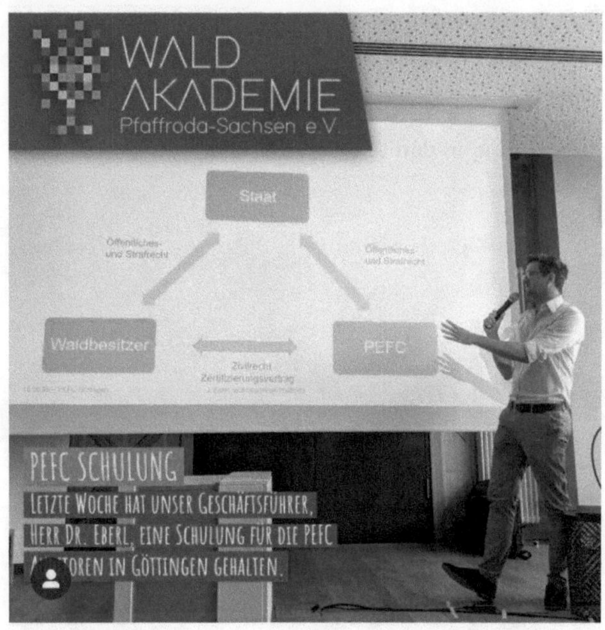

8.2.5. Schulungsvortrag AGDW

Der Schulungsvortrag trug den Langtitel „Honorierung der Klima- & Gemeinwohlleistungen des Waldes" und fand am Dienstag, 21. März 2022 online statt. Der Referent des Vortrags war der Geschäftsführer der Waldakademie Prof. Dr. Justus Eberl. Der Schulungsvortrag fand im Rahmen des eintägigen sog. Waldsymposiums der AGDW – Die Waldeigentümer statt.

Weiterer Referent waren Mitarbeiter von PEFC und Wissenschaftler von Universitäten und Forschungseinrichtungen, sowie Vertreter freier beratender Berufe.

Es nahmen laut Anmeldung 301 Teilnehmerinnen und Teilnehmer am Seminar teil. Etwa 30% der Teilnehmer waren Frauen. Angaben zu den vertretenen Altersklassen lassen sich nicht treffen (Online-Veranstaltung). Die Teilnehmer waren Waldbesitzer, Vertreter von Landesforstverwaltungen, politische Mandats- und Funktionsträger, Vertreter der Holzindustrie sowie der Wissenschaft. Die Teilnehmer stammten aus dem ganzen Bundesgebiet.

Die Bewerbung der Veranstaltung fand über die Kanäle der AGDW und der angeschlossenen Waldbesitzerverbände statt. Die Anmeldung erfolgte über die AGDW. Eine Teilnehmergebühr

wurde nicht erhoben. Für den rd. einstündigen Vortrag entrichteten die Veranstalter keinen Betrag an die Waldakademie.

Schulungsunterlagen (Folien der Vorträge) wurden ausgegeben, nicht jedoch Teilnahmebescheinigungen.

Abbildung 8.2.5.1.: Bewerbung in den sozialen Medien.

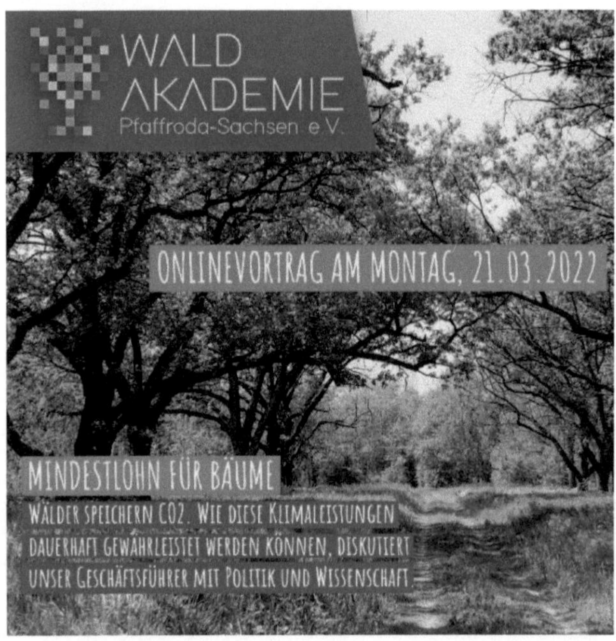

8.3. Pilotprojekte Vortragsreihen, Fachtagungen, Öffentlichkeitsarbeit & Multiplikatoren

Neben den Kursen bildeten Vorträge und ein Symposium Teile der Pilotprojekte. Dies lag zum einen im Zuwendungsbescheid begründet, wonach „Vortragsreihen und Fachtagungen [zu diesem Themenbereich, den der Kurse, Anm.d.Verf.] das Angebot abrunden [sollen]".

8.3.1. Symposium Honorierung Klimaschutz

Das Symposium trug den Langtitel „Geschäfte mit Carbon Cowboys oder Warten auf den Staat – Was Forstbetriebe und die Forstbranche jetzt tun sollten" und fand am Dienstag, 28. September 2022 in Oettingen in Bayern statt. Der Referent des Vortrags war der Geschäftsführer der

Waldakademie Prof. Dr. Justus Eberl. Der Schulungsvortrag fand im Rahmen des eintägigen sog. Symposiums für Entscheidungsträger statt.

Statt weiterer Referenten war im Rahmen des Symposium-Formates vorgesehen, dass sich zwischen und nach den Vorträgen eine Diskussion und Austausch zwischen den Teilnehmern entwickelt.

Es nahmen 12 Teilnehmer am Seminar teil. Diese verteilten sich etwa gleichmäßig über alle Altersklassen. Die Teilnehmer waren erwerbswirtschaftliche Waldbesitzer und Vertreter von Verbänden und anderen Branchenorganisationen, die mit dem Thema bereits befasst waren, wie bspw. Vertreter der Landwirtschaftlichen Rentenbank. Die Teilnehmer stammten aus dem ganzen Bundesgebiet.

Die Einladung zur Veranstaltung fand auf persönliche Einladung des Forstbetriebs Oettingen-Spielberg statt. Die Teilnehmer waren so ausgewählt, dass eine fachlich möglichst intensive und produktive Diskussion ermöglicht wird. Daneben wurde auf eine gewisse Branchenrepräsentativität und Potential zum Vernetzungseffekt geachtet.

Die Anmeldung erfolgte über das Sekretariat des Forstbetriebes Oettingen-Spielberg. Eine Teilnehmergebühr wurde nicht erhoben. Schulungsunterlagen oder Teilnahmebescheinigungen wurden nicht ausgegeben. Eigenständige Bewerbung in den sozialen Medien erfolgte nicht.

Abbildung 8.3.1.1.: Fotodokumentation.

8.3.2. Vortrag Rentenbank

Der Impulsvortrag trug den Langtitel „Honorierung der Klimaschutzleistung des Waldes: aktuelle Herausforderungen und Chancen aus forstpolitischer und forstrechtlicher Sicht" und fand am Montag, 20. Juni 2022 im Haus der Landwirtschaft in Berlin statt. Der Referent des Vortrags war der Geschäftsführer der Waldakademie Prof. Dr. Justus Eberl. Der Impulsvortrag fand im Rahmen eines sog. Waldgrillens als forstpolitische Netzwerkveranstaltung der landwirtschaftlichen Rentenbank statt.

Nach dem Vortrag bestand die Möglichkeit zu Fragen und Antworten. Es waren keine weiteren Referenten vorgesehen.

Es nahmen etwa 70 Teilnehmerinnen und Teilnehmer an der Veranstaltung teil. Etwa 50% der Teilnehmer waren Frauen. Etwa 50% der Teilnehmer waren unteren Altersklassen, die übrigen Teilnehmer waren fortgeschrittenen Altersklassen zuzuordnen. Die Teilnehmer waren überwiegend Mandatsträger und andere Entscheidungsträger aus der Branche. Die Teilnehmer stammten aus dem ganzen Bundesgebiet.

Eine Bewerbung der Veranstaltung fand nicht statt. Die Teilnahme war nur nach Einladung möglich. Eine Teilnehmergebühr wurde nicht erhoben. Für den einstündigen Vortrag entrichteten die Veranstalter einen Betrag von 350 EUR/h an die Waldakademie.

Schulungsunterlagen und Teilnahmebescheinigungen wurden nicht ausgegeben.

Abbildung 8.3.2.1.: Bericht in den sozialen Medien.

8.3.3. Kommunikation & Social Media

Die Etablierung eigener Kommunikationskanäle der Waldakademie bereits in der Konzeptionsphase scheint aus einer Reihe an Gründen sinnvoll und notwendig. Zunächst schien es notwendig, die entsprechenden Namen von Benutzerkonten zu sichern, um einem späteren „Verlust" vorzubeugen. Zum anderen erscheint es im Zeitalter digitaler und sozialer Kommunikation als absolute Notwendigkeit und Nachweis der „Existenz", online auffindbar zu sein.

Darüber hinaus schien es sinnvoll, jedenfalls testweise, eine Präsenz in den Sozialen Medien aufzubauen. Sie diente zunächst dazu, mit dem potentiellen Kundenkreis der Waldakademie Kontakt aufzunehmen. Zum anderen konnten über die Kanäle die Umfragen und Pilotveranstaltungen kostengünstig, bzw. kostenfrei beworben werden. Es wurden keine Ausgaben für Werbung o.ä. getätigt. Anfragen für Werbung über die Auftritte der Waldakademie wurden

nicht aktiv verbreitet und gingen während der Konzeptionalisierungsphase auch nicht ein. Perspektivisch sollen die Auftritte aber auch dazu dienen und damit einen Beitrag zur Deckung der Kosten in diesem Bereich leisten.

Als Ziele für die allgemeine Öffentlichkeitsarbeit wurden u.a. definiert:

- Das Wecken von Interesse für das Projekt der Waldakademie.
- Die Vermittlung von forstlichen Grundinformationen.
- Über diese Aktivitäten und das Verwenden eines einheitlichen Auftretens das Ausloten der Grundbedingungen für das Entstehen einer „Community" einer forstlichen Waldakademie im digitalen Raum als Voraussetzung weiterer Aktivitäten in diesem Bereich.

Für den Bereich der sozialen Kommunikation war der Projektassistent weitgehend selbstständig und eigenverantwortlich tätig.

Fotodokumentation

Abbildung 8.3.3.1: Beispiele von Beiträgen in den sozialen Medien

Abbildung 8.3.3.2: Beispiele von Beiträgen in den sozialen Medien

Abbildung 8.3.3.3: Beispiele von Beiträgen in den sozialen Medien

Abbildung 8.3.3.4: Beispiele von Beiträgen in den sozialen Medien

8.3.4. Weitere Aktivitäten: Besuche, Praktikanten

Neben den o.g. Pilotprojekten wurden weitere Aktivitäten im Rahmen der Konzeptionalisierungsphase zur Erreichung des Untersuchungs- und Konzeptionalisierungsauftrags unternommen. So unterstützte ein Praktikant im Rahmen eines forstlichen Studienpraktikums die Arbeit der Waldakademie, wobei der Schwerpunkt auf Fragen der Kommunikationen in den sozialen Medien lag. Dies verbesserte die Konzeptionalisierung insb. durch eine Schärfung des Verständnisses für die Wahrnehmung jüngerer Zielgruppen.

Bei verschiedenen Gelegenheiten und Formaten wurden Kontakte in die Forstbranche etabliert und Expertengespräche geführt, so bspw. beim Besuch des Präsidenten des Deutschen Forstwirtschaftsrates oder dem Besuch eines Vertreters der vietnamesischen Waldbesitzerschule im Rahmen des Forest Expert Austauschprogramms in Pfaffroda. Auch zur forstlichen und allgemeinen Öffentlichkeit, insb. im örtlichen Nahbereich der Waldakademie, wurden Kontakte geknüpft, so bspw. beim Tag der offenen Tür im Schloss Pfaffroda, an dem über 1.800 Personen teilnahmen. Ein Austausch über die Bedürfnisse des Kleinprivatwaldes sowie der Strukturen forstwirtschaftlicher Vereinigungen wurde insb. mit der Waldgemeinschaft Pfaffroda gepflegt.

Fotodokumentation

Abbildung 8.3.4.1: Tag der offenen Tür

Abbildung 8.3.4.2: Besuch DFWR-Präsident

Abbildung 8.3.4.3: Besuch Forest Expert

8.4. Pilotprojekte Evaluationsergebnisse

Nachfolgend werden die Ergebnisse der Evaluation aller Pilotprojekte zusammenfassend dargestellt, da die die Rückläufe zu den einzelnen Projekten i.d.R. zu gering waren, um signifikante Rückschlüsse daraus zu ziehen. Von rd. 212 Teilnehmern der Pilotprojekte nahmen 24 an der Evaluation teil, was über 10% der Teilnehmer entspricht. Daher wird Repräsentativität der Ergebnisse angenommen.

Die Evaluation erfolgte anhand von Online-Fragebögen über Google-Forms. Zu den Fragen wurden festgelegte Antwortmöglichkeiten gegeben. Am Ende bestand die Möglichkeit des freien Kommentierens, wovon zwei Teilnehmer Gebrauch machten. Die Fragebögen sind im Anhang abgedruckt.

8.4.1. Ergebnisse zur Zielgruppe

Beim Alter der Teilnehmer fällt zunächst eine annähernd gleiche Verteilung auf die vorausgewählten Altersklassen auf. Wobei die oberste Altersklasse (über 65 Jahre) mit rd. 1/3 der

Teilnehmer die größte Einzelgruppe darstellt. Am Motorsägenkurs nahm sogar ein Minderjähriger teil, was nach Vorgaben der UVV bei Vorliegen der Zustimmung der Eltern möglich ist.

In welche Altersklasse ordnen Sie sich ein?

24 Antworten

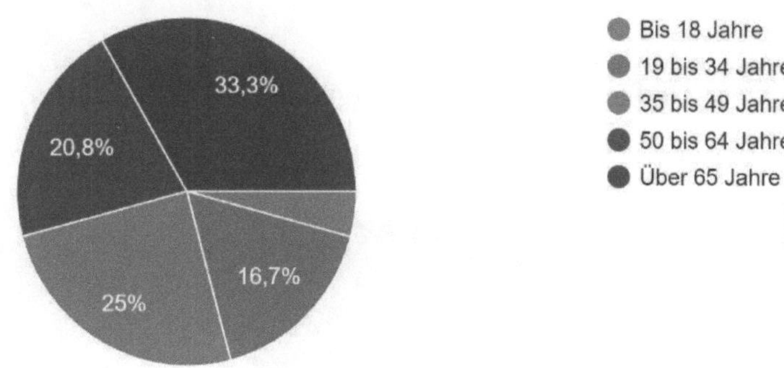

In Bezug auf ihre forstliche Selbstverortung identifizieren sich die allermeisten Teilnehmer als Waldbesitzer. Ein nicht unerheblicher Anteil bezeichnet sich allerdings auch selbst als „Waldfreund/Waldinteressierter".

Ihre "forstliche Selbstzuordnung": Wie sehen Sie sich in Bezug auf den Wald v.a. oder überwiegend selbst?

24 Antworten

8.4.2. Ergebnisse zum Veranstaltungsformat

Den Angaben zu der Anreisezeit lässt sich entnehmen, dass etwa die Hälfte der Teilnehmer aus dem Nahbereich der Veranstaltung kamen. Dabei ist keine signifikante Abweichung zwischen den Veranstaltungen in Pfaffroda und denen an anderen Orten festzustellen. Bei Veranstaltungen in Pfaffroda lag die durchschnittliche Anreisezeit bei 1,25 h. Bei Veranstaltungen an anderen Orten lag sie bei ca. 1,50 h.

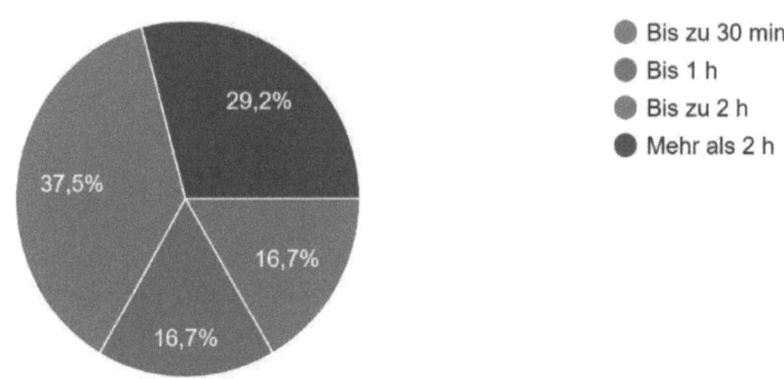

In inhaltlicher Hinsicht überrascht eine klare Präferenz der Teilnehmer für waldbauliche Grundlagenthemen. Inwieweit dies mit den Themen der Pilotprojekte, die überwiegend forstbetrieblicher und forstpolitischer Natur waren, zusammenhängt, bedarf der Diskussion.

Unabhängig von der konkreten Veranstaltung, was sind aus Ihrer Sicht grundsätzlich wichtige Themen für gute Wald-Bildung:

24 Antworten

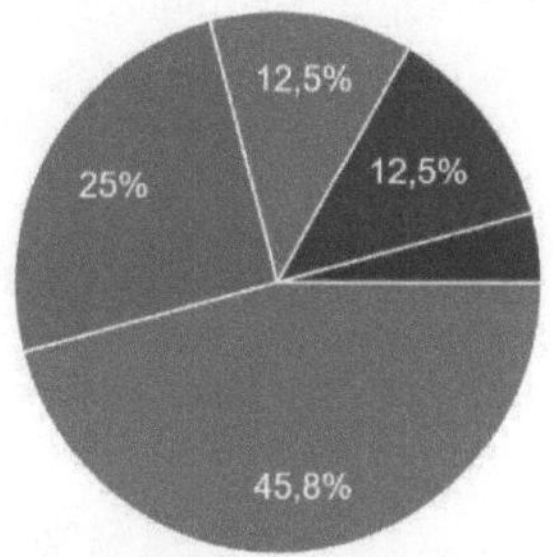

Die Ergebnisse zur Zahlungsbereitschaft zeigen einen hohen Wert, den die Teilnehmer den angebotenen Inhalt zumessen. Kein Teilnehmer hat erklärt, nur an kostenlosen Veranstaltungen teilnehmen zu wollen. Inwieweit die Ergebnisse hier (wie bei anderen Fragenbereichen) durch die Rücklaufquoten beeinflusst sind, bedarf weiterer Diskussion. Es ergibt sich eine mittlere Zahlungsbereitschaft von 43,70 EUR je Teilnehmer je Stunde.

Unabhängig davon, ob oder wieviel Sie für die Teilnahme an der Veranstaltung gezahlt haben: Wie viel wären Sie bereit, pro Stunde für eine vergleichbare Veranstaltung in Zukunft zu zahlen?

23 Antworten

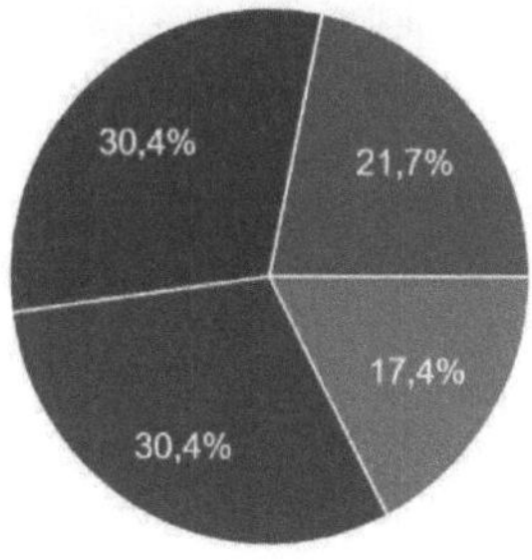

8.4.3. Veranstaltungsbewertung

Bei der Bewertung der Pilotprojekte zeigt sich eine sehr hohe Zufriedenheit der Teilnehmer.

Wie sehr ist es dem Referenten/der Referentin der Waldakademie Pfaffroda gelungen, relevante Inhalte über den Wald oder zum Thema der Veranstaltung zu vermitteln?

24 Antworten

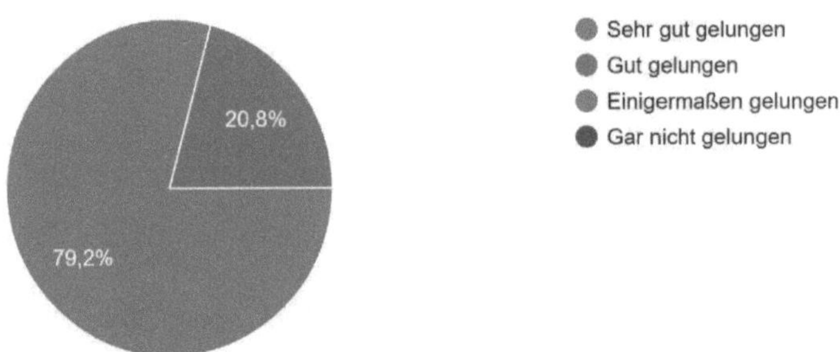

In der Bewertung der Frage nach der Vermittlungsgeschwindigkeit zeigt sich, dass die Veranstaltungen auf die unterschiedlichen Altersstrukturen der verschiedenen Pilotprojekte gut angepasst waren. Obwohl in den Veranstaltungen teils die älteren, teils die übrigen Altersgruppen überwogen, empfanden alle Teilnehmer das Tempo fast ausschließlich als „genau richtig".

Wie war für Sie die Geschwindigkeit, in der der Referent/die Referentin der Waldakademie Pfaffroda gesprochen hat oder durch die Veranstalung geleitet hat?

24 Antworten

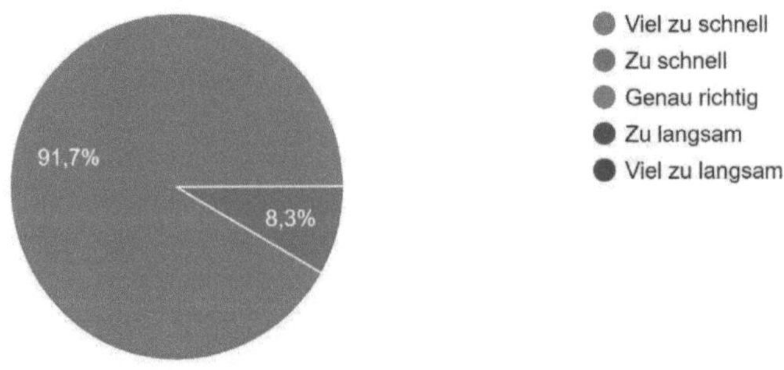

In der Bewertung der Frage nach der vermittelten Begeisterung zeigt sich ebenfalls ein positives Bild, was auch auf eine Identifikation der Teilnehmer mit dem Inhalt und dem Referenten hindeutet. Diese innerliche (nicht nur „sachliche") Verknüpfung wird als Voraussetzung guter Bildungsarbeit im Bereich der freiwilligen Aus- und Weiterbildung angesehen.

Ist es dem Referenten/die Referentin der Waldakademie Pfaffroda, gelungen, Ihnen Begeisterung für den Wald oder das Thema der Veranstaltung zu vermitteln?
24 Antworten

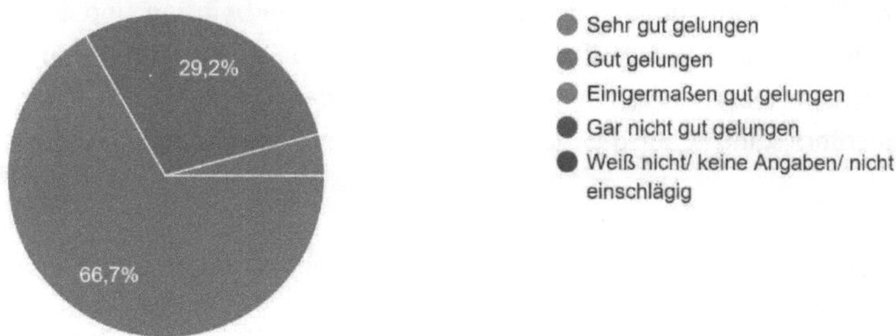

Auch in der abschließenden Gesamtbewertung zeigt sich ein überaus positives Gesamtbild. Dies bestätigt auch, dass es aufgrund des positiven Effekts der „Mund zu Mund Propaganda" die richtige Entscheidung war, auch in Hinblick auf den zukünftigen Regelbetrieb Pilotprojekte durchzuführen.

Wie wahrscheinlich ist es, dass Sie den Referenten/die Referentin der Waldakademie Pfaffroda weiterempfehlen werden?
24 Antworten

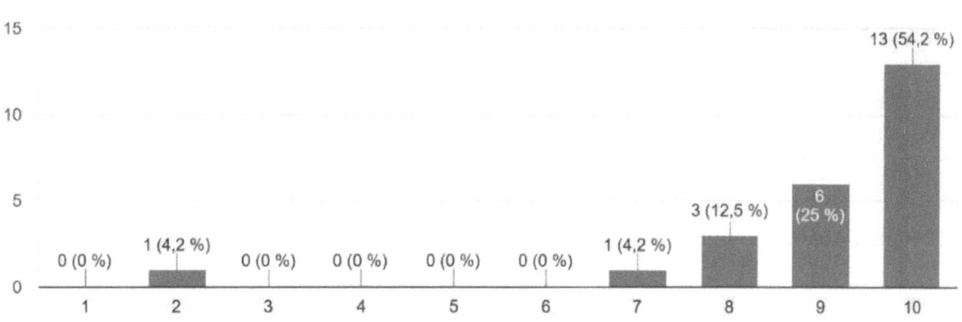

8.5. Pilotprojekte finanzielle Viabilität

8.5.1. Einnahmen

Erzielte und potentielle Einnahmen ergeben sich zunächst aus den Teilnehmerbeiträgen sowie der gewährten und potentiellen staatlichen Förderung.

Die wesentliche Einnahmequelle für den Verein Waldakademie Pfaffroda war während der Konzeptionalisierungsphase die vom Freistaat Sachsen gewährten Fördermittel. Sie machten rd. 61% der Einnahmen aus. Rund 35% wurden durch Einlagen der Vereinsmitglieder erbracht. Lediglich 3% der Einnahmen konnten durch Teilnehmerbeiträge und Gebühren erzielt werden. Dabei ist jedoch die Modellhaftigkeit der Pilotprojekte zu beachten und die Tatsache, dass die Pilotprojekte im Wesentlichen in der zweiten Hälfte des Konzeptionalisierungsjahres stattgefunden haben. Insofern kann – auf das halbe Jahr bezogen – bereits eine Quote von 6% angenommen werden.

Bei Veranstaltungen für Dritte bzw. Beiträgen zu Veranstaltungen Dritter wurde ein Stundensatz von 350 EUR/h veranschlagt. Die Rückmeldungen durch die Drittveranstalter zeigten, dass dieser Satz als angemessen empfunden wurde.

Die Kalkulation der Teilnehmergebühren gestaltete sich als Herausforderung. Zum einen sollten Teilnehmergebühren erhoben werden, um die Zusagentreue der Teilnehmer zu ihrer Buchung zu erhöhen und um Erkenntnisse darüber zu gewinnen, welche Höhe am Markt realisiert werden kann. Andererseits musste die Stellung der Waldakademie als neuer Anbieter berücksichtigt werden, und Teilnehmer sollten nicht „abgeschreckt" werden. Daher wurde schließlich nur beim Motorsägenkurs eine Teilnehmergebühr in Höhe von 150,00 EUR/Person erhoben. Dies liegt weit unter der statistisch ermittelten Zahlungsbereitschaft. Die gute Nachfrage nach dem Kurs legt den Schluss nahe, dass eine höhere Gebühr hätte veranschlagt werden können.

8.5.2. Ausgaben

Bei den Ausgaben kann zwischen Personal- und Sachkosten unterschieden werden. Dabei machten die Personalkosten den weitaus größeren Teil, bei einigen Pilotprojekten (Schulungsvorträgen) sogar den einzigen Kostenpunkt aus.

Personalkosten

Die Personalkosten wurden in den Pilotprojekten als Honorare auf Basis von Einzelverträgen geplant und abgerechnet. Dabei gaben externe Dozenten ihre Stundensätze zumeist vor. Zur Ermittlung des Administrationsaufwandes wurde das Administrationswesen (Anmeldung und

Rechnungskontrolle) für das Grundsteuerseminar und den Motorsägenkurs ebenfalls als Einzelvertrag vergeben. Dabei wurde der aktuelle Mindestlohn als Kostenpunkt angesetzt.

Die Kosten für Dozenten mit Ausbilderbefähigung im Motorsägenkurs betrugen 120,00 EUR/Teilnehmer. Die Kosten für die unmittelbare Administration in den zwei vorgenannten Kursen betrugen demnach 16,67 EUR/ Teilnehmer. Die Kosten für die mittelbare Administration, also die konzeptionelle und organisatorische Vorbereitung, Durchführung und Nachbereitung sind schwer abzuleiten. Unter der Maßgabe, dass sie ¼ der gesamten Kosten des Trägervereins Waldakademie Pfaffroda e.V. im Zeitraum der Mehrheit der Pilotprojekte von April bis November 2022 und unter Berücksichtigung der Gesamtteilnehmerzahl (212 Teilnehmer) betragen sie rd. 35 EUR/Teilnehmer. Auch wenn es sich um äußerst annährungsweise ermittelte Zahlen handelt, die lediglich bei der Durchführung von Pilotprojekten entstanden sind, werden sie hier als Anhaltspunkt genannt.

Für die Personalkosten im langfristigen Regelbetrieb scheint eine Anlehnung an den öffentlichen Dienst – der im Forstbereich den mit Abstand größten Arbeitgeber für Forstfachkräfte darstellt – sinnvoll. Dies scheint sowohl für den forstfachlichen als auch den administrativen Bereich angezeigt, da es im administrativen Bereich nicht tragfähig erscheint, Fachpersonal auf Mindestlohnniveau zu beschäftigen. Die Anlehnung an den öffentlichen Dienst ist, soweit Fördermittel des Freistaats Sachsen eingesetzt werden (bspw. Bereich Waldbesitzerbildung), auch zwingend. Zur Ermittlung der Kosten wurde auf das sog. Merkblatt zur Einführung von Personalkostensätzen[1] verwiesen, auf das hiermit ebenfalls Bezug genommen wird.

Sachkosten

Bei den Sachkosten kann v.a. zwischen Kosten des Materials, der Verpflegung, der Miete und allgemeine Sachkosten (bspw. Versicherungen) unterschieden werden.

Bei keinem der Pilotprojekte sind unmittelbare Mietkosten angefallen, da die Räume (und Waldflächen) jeweils von der Stiftung Schloss Pfaffroda, anderen Mitgliedern des Vereins, oder Mitveranstaltern kostenlos zu Verfügung gestellt wurden. Für den Seminarraum in Pfaffroda kann jedoch eine Saalmiete von 100 EUR/Halbtag angenommen werden, sodass sich bspw. für das Grundsteuerseminar ein hypothetischer Kostenbetrag von 7,69 EUR/Teilnehmer ergibt. Beim 1,5-tägigen Motorsägenkurs liegt dieser Kostenfaktor bei 23,08 EUR/Teilnehmer.

---

[1] 22_04_04_Merkblatt_Personalkosten_WT.pdf (sachsen.de)

Für Verpflegung wurde beim Motorsägenkurs 10,89 EUR/Teilnehmer aufgewandt. Dies betraf nur die Versorgung während des Kurses, da die Unterbringung und Halbpension den Teilnehmern individuell überlassen war (ein Zimmerkontigent war zur individuellen Buchung vorreserviert).

Bei allen Veranstaltungen wurde die Geschäftsausstattung (Sprechpult mit Akademielogo, Roll-ups, Schreibblöcke, Stifte, Visitenkarten, etc.) in unterschiedlichem Umfang eingesetzt, bzw. ausgegeben. Eine individuelle Erfassung erfolgte nicht. Auf Grundlage der bisherigen Kosten wurde ein Kostenfaktor von 0,96 EUR/Teilnehmer ermittelt, bei dem zugrunde gelegt wird, dass die Geschäftsausstattung erst zu 1/10 verbraucht, bzw. abgeschrieben ist.

8.6. Ergebnisse Zielgruppenanalyse
8.6.1. Ergebnisse zu möglichen Teilnehmern

Die Ergebnisse zeigen, dass die Gruppe der Waldbesitzer heterogener geprägt und ausdifferenzierter ist als man möglw. zunächst vermuten könnte. Die Unterschiede werden zunächst entlang der Besitzgrößen deutlich (was zu erwarten war) und differenzieren sich dann entlang bestimmter Nutzungsinteressen weiter aus. Dabei spielen Hauptnutzungen, wie die Frage der Intensität der Holzproduktion und etablierte Nebennutzung wie die Jagd, eine prominente, aber nicht allein bestimmende Rolle. Gerade im kleineren Waldbesitz haben tlw. scheinbare „Nebensächlichkeiten" eine (nachvollziehbar) enorm wichtige Rolle in Fragen des Waldbesitzes. Dabei kann es sich bspw. um intensive Erholungsnutzung der Allgemeinheit, Bodenabbau, Ferienhaussiedlungen, Altlasten, Grundwasser, Wegerechte, Leitungen o.ä. handeln.

Darüber hinaus zeigt sich eine weitere Zielgruppe, die als Waldbesitz-nah bezeichnet werden kann. Es handelt sich zunächst einmal um Forstfachpersonal. So waren bspw. beim Grundsteuerseminar 20% der Teilnehmer Förster, die für betreute oder beratene Waldbesitzer die Grundsteuererklärung vorbereiten sollten. Vertreter dieser waldbesitz-nahen Gruppe waren in allen Pilotprojekten unter den Teilnehmern, bei der Schulungsveranstaltung für PEFC stellten sie sogar die Mehrheit der Teilnehmer dar.

8.6.2. Ergebnisse der Gespräche mit möglichen Kooperationspartnern

Auf Grundlage der Zielgruppenanalyse und entsprechend des Auftrags des Zuwendungsbescheids, sollten Vereinbarungen mit möglichen Kooperationspartnern vorbereitet werden.

Dabei wurden zum einen mögliche Kooperationspartner aktiv gesucht. Zum anderen kamen Branchenvertreter mit Ideen und Anliegen für eine Zusammenarbeit auf den Trägerverein der Waldakademie zu. Hauptziele der Gespräche für mögliche Kooperationen waren nach Sinn und

Zweck des Auftrags zur Entwicklung eines Konzepts herauszufinden, ob und wenn ja wie mithilfe der Kooperationspartner der Regelbetrieb des Schulungsprogramm langfristig sichergestellt werden kann. Angesichts der Ausgangssituation der Waldakademie Pfaffroda als potentiellem Träger des Schulungsprogramms (sowie jedem anderen „neuen" Träger) mussten die primären Interessen seitens des Schulungsträgers in einer personellen und finanziellen Unterstützung durch Kooperationspartner liegen. Mit diesem Ziel wurden die Suche und Gespräche geführt.

8.6.2.1. Kooperation mit dem Freistaat Sachsen

Für den Bereich der Waldbesitzerbildung, insb. mit regionalem Einzugsschwerpunkt, war der Freistaat Sachsen ein naheliegender Kooperationspartner. Dies liegt insb. an dem gesetzlichen Auftrag des Sächsischen Waldgesetzes aus § 49 Abs. (1) S. 1 SächsWaldG. Demnach ist „[d]er Privatwald [...] durch fachliche Aus- und Fortbildung der Waldbesitzer sowie durch kostenlose Beratung [zu fördern]". Dabei mangelt es nicht nur an Kapazitäten geeigneter Aus- und Fortbildungsangebote. Seitens des Freistaats wäre es auch aufwändig, einzelnen Waldbesitzern Kostenzuschüsse für die Teilnahme an einzelnen Kursen zu gewähren. Verwaltungstechnisch einfacher erscheint es, den gesetzlichen Auftrag aus § 49 Abs. (1) SächsWaldG durch die Etablierung eines kostengünstigen Angebots zu erfüllen.

Zur Abwicklung einer solchen Förderung scheint der Teilbereich „Wissenstransfer" der Richtlinie »Landwirtschaft, Innovation, Wissenstransfer« (LIW/2014) nach aktueller Einschätzung das richtige Förderinstrument um ein solches Angebot von Waldbesitzerbildung umzusetzen. Der Fördersatz beträgt 80-100% der Kosten. Ein Förderaufruf ist für Ende 2022 geplant. Nach Antragsstellung und Bewilligung wäre eine Förderung des Regelbetriebs von Waldbesitzerbildung ab dem II. Quartal 2023 möglich. Ein solcher Antrag wird für das vorliegende Schulungsprogramm aktuell geplant. Dabei ist für den Mittelgeber von nachvollziehbar hoher Bedeutung, dass der Bereich Waldbesitzerbildung und die entsprechenden Kostenstellen von etwaigen anderen Geschäftsfeldern und Tätigkeiten des Projektträgers (bspw. allgemeine Öffentlichkeitsarbeit, Netzwerktätigkeit in der Branche o.ä.) vom Bereich der Waldbesitzerbildung getrennt behandelt werden.

Nach vorbereitenden Gesprächen mit der Forstfachabteilung des sächsischen Staatsministeriums für Energie, Klimaschutz, Umwelt und Landwirtschaft wurden weiterführende Gespräche mit den Referaten für Förderung geführt. Von diesen und der Landesfachbehörde, dem Landesamt für Umwelt, Landwirtschaft und Geologie wurde auf die Vorteile einer möglichen Kooperation mit einem bestehenden Innovationsprojekt aus dem ländlichen Raum hingewiesen. Eine ergebnisoffene und kursorische Prüfung der Liste solcher Projekte ergab, dass es nur sehr wenige Vorhaben im Bereich Forstwirtschaft gibt und gegeben hat. Der Kreis möglicher Partner war daher

sehr begrenzt. Unter diesen stach ein Projekt hervor, mit dem weitere Gespräche aufgenommen wurden.

8.6.2.2. Kooperation mit „Harvard 21"

Bei dem Projekt Harvard 21 handelt es sich um ein praxisnahes Forschungsprojekt zur Verbesserung der Holzmobilisierung in schwierigen Geländeverhältnissen und im Kleinprivatwald. Dies sollte insb. über die Entwicklung eines kombinierten Vollernters mit Transportkapazität (Harvester plus Forwarder) erfolgen. Ziel des Projektes sind nach eigenen Angaben *„(...) die Entwicklung und Verbreitung von Technologien für die effiziente Rohholzbereitstellung bei verstreutem und kleinflächigem Holzaufkommen in schwer befahrbaren Lagen mit einem neuartigen, traktionswindengestützten Harvarder. (...). Für die Verfahrensauswahl der Waldbesitzer, Förster, Dienstleister und in Ausbildung befindlicher Personen sollen geeignete Dokumentationen erstellt und verbreitet werden."*

Der Projektleiter von Harvard 21 ist Prof. Erik Findeisen (FH Erfurt, Fachbereich Forstwirtschaft), der an der FH Erfurt u.a. Arbeitswissenschaften unterrichtet. Bereits in sehr frühen Gesprächen wurde deutlich, dass zwischen dem Projekt Harvard 21 und dem Ziel des vorliegenden Projektes zahlreiche Synergiemöglichkeiten bestehen. So ist es Teilziel des Projektes selbst, seine Ergebnisse in Waldbesitzerveranstaltungen vorzustellen und zu verbreiten. Daneben und darüber hinaus ist der Projektleiter Prof. Findeisen auch bereit das Teilmodul Arbeitstechnik in Kursen der Waldakademie als Dozent abzudecken und durchzuführen.

Neben den inhaltlichen Synergien eröffnen sich durch eine mögliche Kooperation wie oben angedeutet auch förderrechtliche Synergien, wie bspw. ein höherer Fördersatz für die Module der Waldbesitzerbildung für die Waldakademie. Im Gegenzug kann dem Projektpartner im Rahmen dieser Waldbesitzerbildung nach den einschlägigen Sätzen der Personalkostentabellen für die Erbringung von Unterrichtsleistungen eine nicht unattraktive Gegenleistung angeboten werden. Insofern wurde verabredet, dass Harvard 21 nach dem o.g. Antrag an den Freistaat Sachsen (8.6.2.1.) als Projektpartner geführt werden soll.

8.6.2.3. Kooperation mit der forstlichen Fakultät der TU Dresden in Tharandt

Neben der FH Erfurt ist die forstliche Fakultät der TU Dresden in Tharandt ein naheliegender Kooperationspartner insb. für ein forstliches Bildungsprogramm mit Schwerpunkt Mitteldeutschland.

Zur Identifizierung möglicher Felder der Zusammenarbeit fanden zahlreiche gegenseitige Besuche der auch räumlich naheliegenden Institutionen statt. Seitens der Forstfakultät der TU Dresden waren daran u.a. die Bereiche Forstpolitik, Biodiversität und Naturschutz sowie Waldbau beteiligt.

Seitens der Fakultät wurde dabei signalisiert, dass Dozenten für die vorgenannten Bereiche für Teilmodule von Veranstaltungen bereitgestellt werden können. Im weiteren Fortgang der Gespräche fand weiterhin eine Seminarveranstaltung im Rahmen der Vorlesung Forstpolitik für Studierende in Pfaffroda statt, die von Mitarbeitern der Waldakademie durchgeführt wurde und bei der es schwerpunktmäßig um Fragen der forstlichen Kommunikation und der Aus- und Fortbildung von Waldbesitzern ging. Insofern wurden die Kooperationsmöglichkeiten bereits sehr weitgehend umrissen und tlw. bereits erprobt.

Auch der Abschluss einer formalen Kooperationsvereinbarung ist bereits thematisiert worden. Dazu wurde jedoch verabredet, dass erst der Beginn des Regelbetriebs des Schulungsprogramms abgewartet werden soll, da insb. die Gremienabstimmung innerhalb der TU Dresden zur Ratifizierung einer solchen Vereinbarung als relativ aufwändig empfunden wird.

Insofern stellt sich eine Kooperation mit der forstlichen Fakultät in Tharandt v.a. im Bereich der Waldbesitzerbildung und regionalen Angeboten als vorteilhaft dar.

8.6.2.4. Kooperation mit der landwirtschaftlichen Rentenbank

Die Landwirtschaftliche Rentenbank ist als Branchenorganisation der Land- und Forstwirtschaft ein starker potentieller Kooperationspartner für eine forstliche Bildungseinrichtung. Dabei fördert die Rentenbank u.a. Innovationen in der Forstwirtschaft sowie die Imagepflege des Forstbereichs.

Wie oben bereits dargestellt, gab es auf Initiative der Rentenbank bereits einen Beitrag der Waldakademie zu einer forstpolitischen Veranstaltung des Berliner Verbindungsbüros der Rentenbank (8.3.2.). Umgekehrt nahmen Vertreter der Rentenbank mit dem Symposium für Entscheidungsträger zur Klimaschutzleistung (8.3.1.) auch an einer Pilotveranstaltung der Waldakademie teil. Der forstpolitische Bereich, die Imagepflege der Forstwirtschaft und eine Vernetzung innerhalb der Branche zum Zweck der Innovationsförderung bilden auch die Schwerpunkte des eigenen Interesses der Rentenbank. Statt jedoch eine Vielzahl an Veranstaltungen nur selbst durchzuführen, entwickelte sich in Gesprächen die Option, in Zukunft dauerhaft Veranstaltungen von gemeinsamem Interesse durchzuführen.

Als Instrument der weiteren Kooperation wurde der Förderungsfonds der Rentenbank als vorzugswürdiger Weg identifiziert. Ein entsprechender Antrag wird Ende 2022 gestellt, sodass mit einem Förderbeginn ab dem II. Quartal 2023, und damit parallel zu der potentiellen Förderung durch den Freistaat Sachsen, gerechnet wird. Ähnlich und spiegelbildlich zu den Förderinteressen des Freistaats Sachsen legt die Rentenbank aus förderrechtlichen Gründen hohen Wert darauf, dass die von ihr geförderten Geschäftsbereiche und Kostenstellen nicht aus Landes- oder Bundesmitteln gefördert werden kann.

8.6.2.5. Zusammenfassung möglicher Kooperationspartner

Nachdem mit den vier vorgenannten Kooperationspartnern vertiefte und konkretisierte Gespräche geführt worden waren, verblieben keine Kapazitäten, um weitere Kooperationsmöglichkeiten vertieft zu verfolgen. Diese Gespräche, bei denen beiderseitig jedoch reges Interesse an einer zukünftigen Kooperation ausgedrückt wurden, umfassten u.a.

- Die landwirtschaftliche Sozialversicherung Landwirtschaft, Forsten, Gartenbau (SVLFG Kassel),
- Den Gemeinde- und Städte-Bund Sachsen sowie Thüringen,
- Die Waldbauernschule Kehlheim.

Die vier konkretisierten Kooperationspartner werden auch als ausreichend angesehen, um einen Regelbetrieb des Schulungsprogramms personell und finanziell abzubilden.

9. Diskussion des Betriebskonzepts

Im nachfolgenden Abschnitt werden die Ergebnisse der Erhebungen der Phase der Pilotprojekte diskutiert. Aus den Schlussfolgerungen der Diskussion der einzelnen Aspekte ergeben sich die Rahmenvorgaben für das Betriebskonzept. Sie werden zum Ende eines jeden Unterabschnitts festgehalten, sodass sich aus der Gesamtschau der Schlussfolgerungen das Betriebskonzept ergibt.

9.1. Diskussion möglicher Ziele & einer Profilbildung - Alleinstellungsmerkmal

Für ein nachhaltig tragfähiges Betriebskonzept für ein Schulungsprogramm erscheint es zunächst notwendig, die (Gesamt)Ziele des Programms zu diskutieren und im Ergebnis zu definieren. Neben den naheliegenden „operativen" Zielen (möglichst kostendeckende, gut besuchte Kurse) scheint auch der „Sinn und Zweck" des Gesamtvorhabens diskussionswürdig und -nötig. Dies gilt insb. mit Blick auf die vom Untersuchungsauftrag geforderte Definition des „Alleinstellungsmerkmals" der Institution, die das Schulungsprogramm tragen könnte (hier die Waldakademie Pfaffroda). Ein solches alleinstellendes Profil ergibt sich v.a. im Ergebnis der auch nach außen wirksamen Ausrichtung auf klare Ziele. Dies gilt in besonderem Maße für die Waldakademie Pfaffroda als potentiellen Träger, da es sich um eine relativ junge Institution handelt. Die Profilbildung ist auch als Grundlage der Generierung von Nachfrage (insb. der Übersetzung von Bedarf in Nachfrage) sowie in Bezug auf mögliche Kooperationen von besonderer Bedeutung. Daher sind mögliche Ziele vor allem vor dem Hintergrund der 3. und 4. Leitfrage zu diskutieren.

Anders als bspw. die Waldbauernschule Kehlheim kann sich die Waldakademie Pfaffroda (wie jede andere „neue" Institution") nicht auf den Nimbus und das Profil einer spezifischen traditionsreichen Einrichtung verlassen. Die Waldakademie Pfaffroda kann und soll aber an die Traditionslinien nachhaltiger und wissenschaftsbasierter deutscher Forstwirtschaft anknüpfen. Dafür bietet die Anknüpfung an den Ort Pfaffroda im Erzgebirge besonders günstige Gelegenheit. Das Anknüpfen an diese Traditionslinie erscheint auch in Hinblick auf ein überdurchschnittlich traditionsbewusstes Klientel der Waldbesitzer vorzugswürdig.

Anders als bspw. auch die sog. „Wohllebens Waldakademie" kann und soll die Waldakademie Pfaffroda nicht nur oder überwiegend auf das Profil einer charismatischen Leitfigur aufgebaut werden. Es ist aber anzuerkennen, dass die personelle Kontinuität und Vernetzung der handelnden Personen von Bedeutung für das Gelingen eines nachhaltigen Betriebs erscheinen.

Zur Konzeptionalisierung eines nachhaltig erfolgreichen Bildungsprogramms muss zunächst die aktuelle Situation des Waldes, des Waldbesitzes, der Forstbetriebe und der Forstbranche in Politik und Gesellschaft jedenfalls kursorisch umrissen werden.

Die Ergebnisse der Bedarfsanalyse sowie der Pilotprojekte und zahlreichen Expertengespräche zeichnen ein eher pessimistisches Bild von der forstlichen Situation in den Jahren 2021 und 2022. Der Klimawandel habe massive ökonomische und ökologische Schäden verursacht und es wird überwiegend eine weitere Verschlimmerung oder das Anhalten einer angespannten Situation erwartet. Praktisch durchgängig wird jedoch betont, dass das Empfinden vorherrscht, dass die bisherigen forstlichen Handlungsmuster zur Bewältigung der Krise nicht mehr ausreichen. Forstliche Experten empfinden den Diskurs in Politik und Gesellschaft zum Wald als zunehmend entkoppelt von den realen Problemen (und Lösungsmöglichkeiten). Das Erodieren von Fachwissen und eine Geringschätzung für wissenschaftliche Grundlagen und Erkenntnisse wird allgemein angemerkt. Es herrscht ein Gefühl vor, mit forstlichem Fachwissen die Entscheidungsträger in Politik und Gesellschaft nicht mehr zu erreichen. Weiterhin wird beklagt, dass Waldbesitzer sich auch angesichts der krisenhaften Situation nicht mehr oder nicht genug für ihren Wald interessieren und die Aktivität der Waldbesitzer zu gering sei.

Vor dem Hintergrund dieser Situation müssen Ziele für das zu entwickelnde Bildungsprogramm diskutiert werden, die diese aktuellen Herausforderungen adressieren. Dabei erscheint es zunächst als sinnvoll, Handlungsfelder zu identifizieren, die in jedem Falle einen positiven Lösungsbeitrag erbringen. Diese Handlungsfelder sollen aber von Anfang an konzeptionell in eine Ausrichtung eingebunden sein, die nicht nur Probleme auf lokaler oder Mikro-Ebene adressieren, sondern auch die nationale und allgemeine Problemlage in den Blick nimmt. So kann mit zunehmender Unterstützung und Skalierung der Handlungsfelder ein Beitrag zur Verbesserung der Gesamtsituation geleistet werden. Nur so kann nach hier vertretener Ansicht ein Bildungsprogramm nachhaltig erfolgreich und relevant bleiben.

Ergebnisse der Diskussion möglicher Ziele

Im Ergebnis werden daher folgende Definitionen und Beschreibungen der Ziele für das Betriebskonzept festgehalten:

Die Waldakademie Pfaffroda trägt dazu bei, die Qualität des aktuellen Walddiskurs zu erhöhen und zielführend zu strukturieren. Sie wirkt dabei als forstlicher Akteur nach innen und nach außen. Als unabhängige, moderne und wissenschaftsbasierte forstliche Waldakademie kann sie Multiplikatoren in Medien und Politik, sowie die Öffentlichkeit effektiver erreichen als andere Institutionen des Forstsektors (Verwaltungen, Behörden, Verbände).

Die Waldakademie Pfaffroda weiß sich den Grundsätzen evidenzbasierter Forstwissenschaft und der Sicherung der multifunktionalen nachhaltigen Forstwirtschaft verpflichtet. Die Waldakademie Pfaffroda hat selbst nicht das Ziel forstwissenschaftliche Forschung zu betreiben. Ziele und Ergebnisse der forstlichen Institutionen und der nachhaltigen Forstwirtschaft in Deutschland sind respektabel, sie sprechen aber nicht von selbst „für sich". Sie an Entscheidungsträger und die Öffentlichkeit zu kommunizieren ist der Lösungsansatz der Waldakademie Pfaffroda. Dabei bedarf es vorbereitend einer Vernetzung und Aufbereitung, damit die oftmals kryptisch wirkenden forstfachlichen Ergebnisse und Zusammenhänge verständlich kommuniziert werden können. Dazu bedarf es auch der Entwicklung und Etablierung eines modernen Gesamtnarratives, in das die einzelnen Arbeitsfelder eingebettet werden können.

9.2. Diskussion möglicher Lösungsansätze

9.2.1. Diskussion einer konzeptionellen Gliederung

Zur Entwicklung von detaillierten Lösungsansätzen scheint es zunächst erforderlich, die Gesamtheit möglicher Handlungsfelder, mit denen die o.g. Ziele erreicht werden können, zu gliedern. Dabei müssen die Ergebnisse vor allem vor dem Hintergrund der 3. und 4. Leitfrage erwogen werden.

Als erstes Handlungsfeld liegt zunächst das Bildungsangebot auf der Hand. Dieses entspricht sowohl dem Konzeptionalisierungsauftrag des Zuwendungsbescheides als auch der ursprünglichen Gründungsidee der Waldakademie. Die Aus- und Fortbildung eines größeren Anteils der rd. 2 Mio. Waldbesitzer in Deutschland wird mit der Erwartung verbunden, diese für ihren Wald aber auch für den größeren Wald-Diskurs in Politik und Gesellschaft als aktive Multiplikatoren zu gewinnen. Neben den Waldbesitzern im engeren Sinne erstreckt sich das Handlungsfeld Bildung gem. Konzeptionalisierungsauftrag auch auf die waldinteressierte Öffentlichkeit.

Auch in der allgemeinen Öffentlichkeit wird in Deutschland eine große potentielle Zielgruppe gesehen, die durch Ansprache, Information und anschließender Aus- und Fortbildung für den Walddiskurs aktiviert werden kann. Daher tritt die allgemeine Öffentlichkeit als zweites Handlungsfeld hinzu. Innerhalb der allgemeinen Öffentlichkeit wird die Rolle von Multiplikatoren (Entscheidungsträger in Presse und Politik) als zentral angesehen.

Aus der Zusammenschau dieser Handlungsfelder ergibt sich gleichermaßen als Ergebnis und als gemeinsame Voraussetzung die Weiterentwicklung forstlicher Lösungsansätze. Zwar sind – wie oben diskutiert – klassische forstliche Handlungsweisen vorhanden, es scheint aber Konsens zu bestehen, dass diese jedenfalls an die aktuelle Situation in den 2020er Jahren angepasst werden müssen. In anderen Worten: Es scheint nicht ausreichend, die Inhalte des klassischen Lehrbuchs „Der Forstwirt" (Ulmer Verlag) in einem YouTube-Kanal vorzulesen. Vielmehr bedarf es eines innovativen Gesamtansatzes, um forstliche Lösungswege in die Sprache und die Methoden des 21. Jahrhunderts zu „übersetzen".

9.2.2. Diskussion der Zielgruppenanalyse

Zur Entwicklung eines tragfähigen Betriebskonzeptes scheint es weiterhin erforderlich, die Zielgruppen aus den Ergebnissen der empirischen Untersuchungen näher zu identifizieren. Die Zielgruppe besteht nach Untersuchungsauftrag zunächst aus Waldbesitzern und der waldinteressierten Öffentlichkeit. Dazu tritt (wie oben beschrieben 9.2.1.) die allgemeine Öffentlichkeit als Vorstufe der waldinteressierten Öffentlichkeit. Als Drittes tritt die Zielgruppe der Multiplikatoren hinzu.

In der Zielgruppe der Waldbesitzer und der waldinteressierten Öffentlichkeit zeigen sowohl die Bedarfsanalyse als auch die Ergebnisse der Pilotprojekte in demographischer Hinsicht ein uneinheitliches Bild. So waren bei einigen Pilotprojekten (insb. dem Grundsteuerseminar und dem Symposium für Entscheidungsträger) ältere Menschen die Mehrheit der Teilnehmer. Dies bestätigt den Befund von Feil et al (2018), die gezeigt haben, dass Waldbesitzer durchschnittlich älter als das Mittel der Bevölkerung sind. Dieses Bild findet sich in den Ergebnissen der Großen Mitteldeutschen Waldumfrage und Evaluationen der Pilotprojekte nicht. Hier zeigt sich eine annähernd gleiche Verteilung auf die Altersklassen. Dies kann nach hier vertretener Ansicht jedoch mit einer größeren Technikaffinität jüngerer Menschen erklärt werden. Insofern muss von einer geringen statistischen Ungenauigkeit ausgegangen werden, insofern der jüngere Teil der Zielgruppe in den Ergebnissen überrepräsentiert scheint. Dies wird hier jedoch als überwiegend unschädlich für die Validität der daraus abgeleiteten Ergebnisse angesehen, da angenommen werden kann, dass jedenfalls die jüngeren Teile der Zielgruppe dem Markt noch länger erhalten bleiben und sie auch eher erreichbar und mobilisierbar, mithin als Zielgruppe überdurchschnittlich relevant sind.

9.2.3. Ergebnis der Diskussion möglicher Lösungsansätze

Im Ergebnis der Diskussion möglicher Lösungsansätze wird festgehalten, dass die Waldakademie Pfaffroda ihre Ziele (9.1.) in drei Hauptarbeitsfeldern verfolgt:

1.   Weiterentwicklung: Forstliche Innovationsförderung durch Vernetzung und Austausch
2.   Weiterbildung: Forstliche Bildung für Multiplikatoren, Waldbesitzer und Waldfreunde
3.   Weiter-Erzählen: Forstliche Öffentlichkeitsarbeit

9.3. Diskussion möglicher Hauptarbeitsfelder

9.3.1. Weiterentwickeln: Forstliche Innovationsförderung durch Vernetzung und Austausch

In diesem Arbeitsfeld werden die Grundlagen für die nachfolgenden zwei Arbeitsfelder gelegt. Hier wird auch das Gesamtkonzept der Kommunikation der Waldakademie Pfaffroda entwickelt und fortlaufend angepasst. Dies ist von vorrangiger Bedeutung, da einem kohärenten und authentischen Gesamtnarrativ einer Institution im Zeitalter sozialer Medien existentielle Bedeutung zukommt. Daher sind die Definition und Kommunikation der institutionellen Werte Aufgabe dieses Arbeitsfelds. Dabei sollen die Ergebnisse nicht nur für die Waldakademie Pfaffroda entwickelt werden, sondern zugleich als Vorlage für die Kommunikation anderer forstlicher Akteure, insbesondere mit urbanen und jüngeren Bevölkerungsgruppen, dienen. Entsprechend der Zielgruppen der Waldakademie Pfaffroda bedarf es verschiedener Expertisen, die hier herangezogen und vernetzt werden müssen.

Für die Kommunikation mit Entscheidungsträgern aus Politik und Verwaltung ist insbesondere ein (verwaltungs-)rechtlicher Dialog notwendig. Viele gute Lösungsansätze des Forstsektors scheitern, weil sie rechtlich nicht umsetzbar sind. Während andere Sektoren wie die Industrie, der Handel, die Naturschutzverbände, aber auch die Landwirtschaft (Institut für Landwirtschaftsrecht) über teilweise sehr umfangreich ausgestattete und spezialisierte Einheiten zur Bearbeitung rechtlicher Fragen verfügen, steht die Forstwirtschaft in dieser Hinsicht weitgehend ungeschützt da. So ist man auf die gelegentliche Zuarbeit hinzugezogener Stellen angewiesen, die regelmäßig nicht in forstfachliche Besonderheiten eingearbeitet sind, bzw. den Zielen einer nachhaltigen Forstwirtschaft nicht verpflichtet sind. Dies geht insbesondere zum Nachteil des privaten und kommunalen Waldbesitzes. Für die Kommunikation mit Entscheidungsträgern aus den Medien, sowie der breiten Öffentlichkeit bedarf es der Zusammenarbeit und Aufbereitung mit Medien- und Kommunikationsexperten.

9.3.2. Weiterbilden: Forstliche Bildung für Multiplikatoren, Waldbesitzer und Waldfreunde

9.3.2.1. Bildungsangebote nach Zielgruppen

Die Ergebnisse zeigen, dass die Zielgruppe in Bezug auf ihren forstlichen, demographischen und Bildungshintergrund heterogen ist (9.2.2.). Daraus folgt notwendigerweise ein differenziertes Bildungsangebot. Dabei wird es einerseits besonders darauf ankommen, das Angebot einsteigerfreundlich zu gestalten. Andererseits sollen Bildungsangebote auch relevant für Entscheidungsträger sein. Die Kurse sollten daher modular aufgebaut sein und eine Indikation des Erfahrungslevels beinhalten (bspw. „Anfängerfreundlich", „Aufbaukurs", „Fortgeschrittenenkurs"). Weiterhin sollen perspektivisch Kurse speziell für Frauen angeboten werden, insb. im Bereich Motorsägenhandhabung.

Darüber hinaus sollen Kurse nicht weiter nach demographischen oder sozialen Indikatoren (bspw. Alter, Bildungsgrad, Waldbesitzergröße) differenziert werden. Eine Durchmischung der Kurse mit Teilnehmern unterschiedlicher Hintergründe hat sich in den Pilotprojekten als förderlich erwiesen und sollte daher beibehalten werden. Dies gilt auch für die unterschiedlichen Zielgruppen (Waldbesitzer, Waldfreunde, Multiplikatoren). Auch hier scheint es überwiegend förderlich, wenn sich die Gruppen durchmischen, bzw. die Teilnehmer selbst entscheiden, welche Kurse sie besuchen. Lediglich in der Gruppe der Entscheidungsträger und Multiplikatoren scheint es sinnvoll, eigene Angebote zu kreieren. Dies liegt daran, dass diese Gruppe zumeist nicht mit einem eigenen Bildungsziel einen Kurs belegt, sondern den Adressaten vielmehr aus Sicht der Branche ein Bildungsangebot gemacht werden soll.

9.3.2.2. Bildungsangebote nach Themen

Die Ergebnisse zeigen auch unterschiedliche Interessen innerhalb der Zielgruppen. Die Breite der Adressaten bedingt ein weites Themengebiet und unterschiedliche Kenntnisstände der Zielgruppen. Dies wirft die Frage nach einer Gliederung und Schwerpunktsetzung des Programms auf. Das Seminarprogramm orientiert sich dabei an den Ergebnissen der Bedarfsanalyse. Insbesondere die für wichtig befundenen Themenbereiche wurden dazu analysiert und aufgegriffen.

Insgesamt scheint eine starre Gliederung der Themen nach Zielgruppen als nachteilig für die Generierung einer höheren Nachfrage, zumal bezüglich der Inhalte durchaus Synergien festzustellen sind. Würde man bestimmte Kurse unter dem Themenbereich „Privatwald" zusammenfassen oder auf diese Fragestellung ausrichten, würden sich bestimmte Zielgruppen von diesen Kursen wenig angesprochen fühlen. Vorzugswürdig scheint es daher, die Angebote in einer Art Baukastensystem zu gliedern. Innerhalb dieses Systems sollten die Seminare modular aufeinander aufbauen und sogenannten Hauptmodulen zugeordnet werden. Diese entsprechen den unterschiedlichen Themenkomplexen „Grundlagen", „Waldbau", „Forstbetrieb" sowie „Waldschutz und -nutzung". Zusammengesetzt ergeben die Hauptmodule das Basisprogramm, welches nach erfolgreicher Absolvierung aller Seminare zum Erhalt des „Sachkundenachweises Wald und Forst" berechtigt. Das gesamte Basisprogramm ist so ausgelegt, dass es innerhalb eines 10-tägigen Intensivkurses absolviert werden kann. Ein entsprechender Seminarplan ist dem Anhang A5 zu entnehmen.

Modul A: Grundlagen	Modul B: Waldbau	Modul C: Forstbetrieb	Modul D: Waldschutz und -nutzung	Ergänzungs- seminare
A1: Unser Wald - Sehnsuchtsort, Ernährer, Konfliktraum	B1: Grundlagen der Standortskunde	C1: Rechte und Pflichten als Waldbesitzer	D1: Pflege und Ernte von Waldbeständen richtig planen und durchführen	E1: Erstellen einer Forstlichen Betriebskarte (mit QGIS)
A2: Unsere wichtigsten Baumarten erkennen und verstehen	B2: Einführung in den Waldbau	C2: Steuerliche Grundlagen im Forstbetrieb	D2: Mensch und Waldarbeit	E2: Heimische Pilze und Kräuter erkennen
A3: Warum bewirtschaften wir unseren Wald?	B3: Künstliche und Natürliche Waldverjüngung	C3: Zertifizierung von Forstbetrieben	D3: Vermessung, Sortierung und Vermarktung von Holz	E3: Grundkenntnisse für neue Waldbesitzer (100 min, online – kostenlos)
...	...	...	...	...

Die einzelnen Hauptmodule setzen sich aus einer unterschiedlichen Anzahl von Seminaren zusammen, welche jeweils Einheiten mit einem Umfang von 1,5 bis 4 Stunden umfassen. Genaue Seminarbeschreibungen mit Angaben zu Lernzielen, Inhalten, Methoden und Anforderungen an den Referenten sowie der Dauer, Teilnehmerzahl und den örtlichen Möglichkeiten ist ebenfalls dem Anhang A5 zu entnehmen. Zudem weisen die Modulbeschreibungen empfohlene Vorkenntnisse aus, welche durch die Belegung entsprechender Module erlangt werden können. Als Teilnahmevoraussetzung gelten diese jedoch nicht. Teile der Modulbeschreibungen wurden dabei von Setzer et al. (2009) übernommen oder aus der einschlägigen Literatur abgeleitet.

Neben dem erläuterten Basisprogramm sollen Ergänzungsseminare angeboten werden, welche weitere Zielgruppen wie Hochschulstudierende, Journalisten und Medienschaffende, Entscheidungsträger aus Politik und Forstbetrieben sowie den technischen Hobbybereich ansprechen. Dabei reichen diese von Seminaren wie „Heimische Pilze und Kräuter erkennen" bis zu Symposien und Fachtagungen für Entscheidungsträger sowie jagdliche Aus- und Fortbildungen. Die Ergänzungsseminare ermöglichen es, bisher nicht abgehandelte, jedoch in der Bedarfsanalyse für wichtig befundene Themen wie „Erholung und Wellness" oder „Andere Maschinenlehrgänge" aufzugreifen. Hierbei sollen die Nutz-, Schutz- und Erholungsfunktion gleichermaßen thematisiert werden.

Mit Bezug auf die hohe Nachfrage scheinen Motorsägenkurse einen wichtigen Pfeiler des Schulungsbetriebs darzustellen. Um die Ausbildungsqualität sowie eine offizielle Anerkennung zu gewährleisten, ist ein Zulassungsantrag als „Anerkannte Fortbildungsstätte" durch die

Sozialversicherung für Landwirtschaft, Forsten und Gartenbau (SVLFG) vorgesehen. Dementsprechend würden als Einstiegskurs „Waldbesitzerlehrgänge" (2-tägig) und für gewerbliche Zwecke der „Motorsägenlehrgang AS Baum I" (5-tägig) angeboten werden. Zusätzlich können in den Ergänzungsseminaren weiterführende Kurse angeboten werden, welche beispielsweise die Zusammenarbeit zwischen Motorsägenführer und Seilwinde oder das Fällen von Bäumen mit Trockenästen thematisieren.

Insbesondere Angebote wie das Seminar E5: Grundkenntnisse für neue Waldbesitzer (100 min online – kostenlos) dienen auch dem Zweck eines ersten Einstiegs in den Schulungsbetrieb und somit dem Marketing.

Modul A: Grundlagen

A1: Unser Wald - Sehnsuchtsort, Ernährer, Konfliktraum

A2: Unsere wichtigsten Baumarten erkennen und verstehen

A3: Warum bewirtschaften wir unseren Wald?

A4: Wälder im Klimawandel

Modul B: Waldbau

B1: Grundlagen der Standortskunde

B2: Einführung in den Waldbau

B3: Künstliche und Natürliche Waldverjüngung

B4: Angewandter Naturschutz im Wald

Modul C: Forstbetrieb

C1: Rechte und Pflichten als Waldbesitzer

C2: Steuerliche Grundlagen im Forstbetrieb

C3: Zertifizierung von Forstbetrieben

C4: Forstliche Förderungen

C5: Grundlagen forstlicher Ökonomie

C6: Verkehrssicherungspflicht als Waldbesitzer (Theorie und Praxis)

C7: Erstellen Forstlicher (Jahres-) Planungen

C8: Waldbesitz: Erben und (Ver-)kaufen. Was ist der Wald Wert?

C9: Management in forstwirtschaftlichen Zusammenschlüssen

Modul D: Waldschutz und -nutzung

D1: Pflege und Ernte von Waldbeständen richtig planen und durchführen

D2: Mensch und Waldarbeit

D3: Vermessung, Sortierung und Vermarktung von Holz

D4: Waldschutz: Schaderreger erkennen und zielgerichtet handeln

D5: Ökologischer Waldschutz

D6: Die Jagd als Kulturgut und Waldschutzelement

D7: Heimische Wildarten und -schäden

Ergänzungsseminare:

E1: Motorsägenkurse für Anfänger und Fortgeschrittene

E2: Die Honorierung der Klimaschutzleistung der Wälder (Symposium für Entscheidungsträger)

E3: Erstellen einer Forstlichen Betriebskarte (mit QGIS)

E4: Heimische Pilze und Kräuter erkennen

E5: Grundkenntnisse für neue Waldbesitzer (100 min, online – kostenlos)

Ein weiteres wichtiges Element des Seminarprogramms ist ein fortlaufendes Evaluierungsmanagement. Sollte sich im Schulungsbetrieb herausstellen, dass einige Inhalte überholt oder aktuellere Themen eine größere Brisanz besitzen, so können die einzelnen Module ausgetauscht oder das Angebot der Ergänzungsseminare erweitert werden.

Digitale Medien sind im Alltag von Bürgern immer präsenter. Auch bezüglich des Lernens eröffnet dies zahlreiche Möglichkeiten. Das sogenannte E-Learning kann als das „Lehren und Lernen mittels verschiedener elektronischer Medien verstanden werden" (Nieding et al. 2015). Die meisten Teilnehmenden der Bedarfsanalyse gaben an, dass Sie eher an einem Präsenzangebot interessiert seien. Ein nicht unbedeutender Anteil äußerte jedoch auch Interesse an digitalen oder hybriden Veranstaltungen. Aus diesem Grunde soll das Digitale Lernen als Ergänzung zum Lehrbetrieb in Präsenz genutzt werden. Denkbar sind niederschwellige Einstiegsangebote, die zeit- und

ortsunabhängig absolviert werden können sowie weiterführende Informationen wie Schulungsvideos oder Interaktive Lernzielkontrollen.

9.3.2.3. Ergebnis der Diskussion der Bildungsangebote

Im Ergebnis werden daher folgende Definitionen und Beschreibungen der Bildungsangebote für das Betriebskonzept festgehalten:

Das Bildungsangebot der Waldakademie Pfaffroda richtet sich einerseits an Multiplikatoren und die waldinteressierte Öffentlichkeit und andererseits an Waldbesitzer. Während für Waldbesitzer forstbetriebliche Kurse von der Motorsägenhandhabung bis zum Waldbaukurs angeboten werden, beinhalten Kurzkurse und Exkursionsangebote für Entscheidungsträger und Multiplikatoren niedrigschwellige und überblicksartige Einführungen in Kernaspekte nachhaltiger Forstwirtschaft.

Diese Zweigliedrigkeit des Angebots ist kein Widerspruch oder eine Zersplitterung des Angebots, sondern gerade aufeinander abgestimmt. Beide Bildungsangebote beziehen ihre Glaubwürdigkeit und Authentizität aus der Zugeordnetheit auf das jeweils andere. Die Rückanbindung an die betriebliche Praxis ist eine Stellungnahme der Waldakademie Pfaffroda im forstpolitischen Diskurs.

9.3.3. Weiter-Erzählen: Forstliche Öffentlichkeitsarbeit

Im Sinne eines strategischen Vorgehens richtet sich die Öffentlichkeitsarbeit der Waldakademie Pfaffroda insbesondere an jüngere und urbanere Bevölkerungsschichten. Diese Schwerpunktsetzung beruht auf vorläufigen Ergebnissen der Bedarfsanalyse. Diese legen nahe, dass der Bereich der „klassischen" forstlichen Öffentlichkeitsarbeit, wie bspw. durch Waldpädagogik, aber auch durch die Pressearbeit der Landesforstanstalten, bereits gut abgedeckt sind. Insbesondere in den lokalen Printmedien sowie den öffentlich-rechtlichen Landesrundfunkanstalten werden klassische Bilder und Narrative von Forstwirtschaft und Waldbesitz mit tlw. beachtlichem Erfolg reproduziert. Bedarf besteht daher bei Milieus, die über diese Medien und Narrative eher nicht erreicht werden. Dabei werden keine politischen Ziele einzelner Interessensgruppen reproduziert, sondern ein breiter und verantwortlicher gesellschaftlicher Diskurs angeregt, informiert und strukturiert. Die forstliche Öffentlichkeitsarbeit der Waldakademie Pfaffroda orientiert sich an erfolgversprechenden modernen Ansätzen wie „Forst Erklärt", mit denen bereits gemeinsame Projekte realisiert werden konnten.

9.4. Diskussion möglicher Finanzierungsbedarfe & Outputs

Die Ergebnisse der Bedarfsanalyse sowie der Pilotprojekte zeigen, dass Kurse, die sich überwiegend an Waldbesitzer richten, kostendeckend durchführt werden können. Dabei verbleibt ein

Kostenanteil insb. für das Overheadmanagement und die Organisation, Vor- und Nachbereitung, für die ein Förderanteil auch mittelfristig erforderlich scheint.

Die Bedarfsanalyse hatte bereits gezeigt, dass je nach Angebot eine mittlere bis hohe Zahlungsbereitschaft besteht. Diese Annahmen sehen sich in den Pilotprojekten bestätigt, in denen ein Kurs im Umfang von 1,5 Tagen mit einer Teilnehmergebühr von 150 EUR durchgeführt wurde und mehrfach hätte belegt werden können. Die vereinnahmte Teilnehmergebühr lag dabei deutlich unter der statistisch ermittelten Zahlungsbereitschaft.

Zwar könnte die Rentabilität der Angebote jeweils erhöht werden, wenn mehr Teilnehmer zugelassen werden. Jedoch hat sich in allen Pilotveranstaltungen über alle Veranstaltungskategorien hinweg gezeigt, dass kleine und mittlere Veranstaltungsgrößen (bis 20 Teilnehmer) von den Teilnehmern am besten bewertet werden.

Im Ergebnis wird der Finanzierungsbedarf für die verschiedenen Arbeitsfelder wie folgt eingeschätzt:

Für das Arbeitsfeld 1 (Weiterentwicklung) wird von einem jährlichen Umsatzvolumen von 54 TEUR ausgegangen. Erwartete Outputs in diesem Bereich sind Beiträge zur Weiterentwicklung des Sektors sowie Inhalte und Zielvorgaben für die übrigen zwei Arbeitsfelder.

Im Arbeitsfeld 2 (Weiterbildung) wird für die Komponente der Waldbesitzerbildung mit überwiegend regionalem Einzugsbereich von einem jährlichen Umsatzvolumen von 198 TEUR ausgegangen. Dieser kann durch Teilnehmerbeiträge und Förderung durch den Freistaat Sachsen als eigenständiges Geschäftsfeld kostendeckend betrieben werden. Für die Komponente mit überregionalem Angebot für Entscheidungsträger aus Politik und Medien wird von einem jährlichen Umsatzvolumen von 128 TEUR ausgegangen. Hierzu werden jährlich neun Seminare durchgeführt, wobei vier den Charakter von Expertenworkshops und einer den Charakter einer Konferenz („Waldgipfel") hat. Daneben werden jährlich 12 Waldeinsätze für Mandatsträger und Multiplikatoren durchgeführt, bei denen Teilnehmer den Wald erfahren und selbst Hand anlegen können.

Im Arbeitsfeld 3 (Öffentlichkeitsarbeit) wird von einem jährlichen Umsatzvolumen von 118 TEUR ausgegangen. Es wird kontinuierlich innovative forstliche Medienarbeit mit Schwerpunkt auf die sozialen Medien gewährleistet. Ziele und Aufgaben sind dabei: Bewerbung von Veranstaltungen und Aktionen der Waldakademie, aktive Pressearbeit zu den Inhalten der Waldakademie Pfaffroda, insbesondere Erstellen von Pressemitteilungen, Postings und Texten, selbstständige Themenrecherche zu Forst und akademiebezogenen Inhalten, inhaltliche Vorbereitung von Online-Events und Filmproduktionen, presse- und öffentlichkeitswirksame Begleitung von Terminen und Veranstaltungen, Entwicklung neuer Presse- und Öffentlichkeitsformate für die Akademie,

Weiterentwicklung und Pflege der Website sowie die Erstellung und Umsetzung eines Postingplans für Facebook, Instagram und Newsletter.

9.5. Diskussion der Modellhaftigkeit, Leuchtturmfunktion

Die Waldakademie Pfaffroda ist die einzige forstliche Institution ihrer Art, die nicht mittel- oder unmittelbar an die öffentliche Verwaltung angebunden ist. Lediglich die Komponenten für regionale Waldbesitzerbildung sollen als öffentliche Aufgabe dauerhaft durch staatliche Förderung mitgetragen werden. In den übrigen Bereichen wird Wert auf Finanzierung aus privaten und zivilgesellschaftlichen Quellen gelegt. Das Angebot richtet sich an alle Interessenten aus dem deutschen Sprachraum und darüber hinaus.

Die private Trägerschaft gibt der Waldakademie Pfaffroda die nötigen Spielräume für innovatives und meinungsstarkes Wirken mit Relevanz für die Öffentlichkeit und forstliche Praxis. Anders als andere selbsterklärte, private Waldakademien, die vornehmlich der Vermarktung und Inszenierung ihrer Gründerpersonen dienen, ist die Waldakademie Pfaffroda dabei jedoch den gesicherten Erkenntnissen der Forstwissenschaften verpflichtet.

Die Waldakademie Pfaffroda richtet sich damit an die große Breite der waldinteressierten Öffentlichkeit und Waldbesitzer, die sowohl allzu „alternativ-esoterische" wie auch „allzu konventionelle" Ansätze in Walderhaltung und Waldbewirtschaftung kritisch sehen. Die überwiegende Mehrheit der Zielgruppe wünscht dabei Wissensvermittlung, die sich sowohl auf gesicherte Erkenntnisse stützt, aber sich auch nicht in der Wiederholung überkommener Wissenselemente erschöpft. Dies bezieht sich insbesondere auch auf die Art und Weise der Vermittlung. Ihr innovativer Ansatz gibt der Waldakademie Pfaffroda Glaubwürdigkeit als unabhängige und verlässliche forstliche Bildungseinrichtung, und macht sie in Deutschland einzigartig.

9.6. Diskussion des gesellschaftlichen Mehrwerts

Die Waldakademie Pfaffroda soll weit über ihr regionales und branchenspezifisches Umfeld hinauswirken. Sie will bundesweit Gesellschaftsgruppen außerhalb der Forstbranche erreichen. Besonders effektiv erscheint es dafür, sich gezielt an Meinungsträger und gesellschaftlich relevante Personen zu wenden. Für diese sollen innerhalb, aber auch außerhalb von Pfaffroda, insb. in Berlin, Bonn, München, Hamburg, Frankfurt und anderen urbanen Zentren Vorträge, Referate, Kurzseminare, Begegnungsveranstaltungen und Exkursionen angeboten werden. Diese sollen für eine naturnahe, nachhaltige Forstwirtschaft begeistert werden. Dazu verwendet die Waldakademie Pfaffroda einen modernen Kommunikationsansatz mit wissenschaftlicher Untermauerung.

Als Beispiele für die o.g. Veranstaltungen können bereits durchgeführte Veranstaltungen der Waldakademie Pfaffroda genannt werden:

- Kurzseminar mit Diskussion für forstliche Entscheidungsträger, Oettingen 17.03.2022
- Schulung der PEFC Auditoren, Göttingen 18.05.2022
- Waldgrillen: Impulsvortag vor Mandatsträgern, Berlin 20.06.2022

10. Fazit des Abschlussberichtsberichts

Die Ergebnisse der verschiedenen Untersuchungen im Rahmen der vorliegenden Studie zeigen, dass der bestehende Bedarf (6.1.) an forstlicher Bildung und Information durch bestehende Angebote (6.2.) nicht abgedeckt wird, sodass der Betrieb einer Bildungseinrichtung für Waldbesitzer und die waldinteressierte Öffentlichkeit im Freistaat Sachsen kostendeckend möglich ist (6.3.). Die Pilotprojekte (8.2, 8.3.) zeigen exemplarisch, wie ein Schulungs- und Bildungsangebot konzipiert und durchgeführt werden kann, um angenommen zu werden und finanziell tragfähig zu sein (8.5.). Die Ergebnisse der Zielgruppenanalyse zeigen, dass und inwieweit potentielle Teilnehmer bereit sind Ressourcen für ein solches Bildungsprogramm aufzuwenden und andere Branchenorganisationen an der Zusammenarbeit in einem solchen Bildungsprogramm interessiert sind (8.6.). Eine Gesamtdiskussion der Ergebnisse (9.) kommt zu dem Ergebnis, dass die weitere Umsetzung eines solchen Bildungsprogramms und der Start des Regelbetriebs hierzu erfolgsversprechend und langfristig tragfähig ist.

10.1. Umfang und Reichweite der Untersuchung

Der vorliegende Bericht fußt auf einer breiten und validen empirischen Datengrundlage. Es wurden qualitative und quantitative Daten erhoben. Die Ergebnisse einer quantitativen Umfrage als Grundlage der Bedarfsanalyse (die sog. Große Mitteldeutsche Waldumfrage) mit über 300 Antworten kann als repräsentativ für die gesamten privaten Waldbesitzer in Deutschland angesehen werden. Die Evaluation einer breiten Palette von durchgeführten Pilotprojekten als Grundlage des Betriebskonzeptes hat die Ergebnisse der Bedarfsanalyse validiert und zur Güte der Diskussion beigetragen. Die Auswertung der Pilotprojekte hat neben Expertengesprächen und Literaturrecherche die methodische und empirische Datengrundlage des Konzeptes weiter verbreitert. Die Ergebnisse können auf dieser Grundlage als gesichert und repräsentativ angesehen werden.

10.2 Bedarf

Die Untersuchung zeigt, dass in der aktuellen krisenhaften Situation der Forstwirtschaft in Deutschland eine adäquate Antwort der Branche bisher ausgeblieben ist. Dies betrifft insb. den Bereich der Aktivierung von geeigneten Akteuren (Waldbesitzer, Multiplikatoren, Öffentlichkeit) um die forstliche Perspektive wieder aktiv und gestaltend in den Diskurs einzubringen.

Die Ergebnisse zeigen, dass es einen signifikanten Bedarf an Bildungsangeboten für Waldbesitzer und die waldinteressierte Öffentlichkeit im Freistaat Sachsen und der mitteldeutschen Region gibt. Dabei ist Bedarf jedoch nicht unmittelbar mit Nachfrage gleichzusetzen. Insbesondere bedarf es weiterer Aufklärungs-, Informations- und Marketingaktivitäten, um die Nachfrage zu konkretisieren.

Dazu erscheint einerseits die Zusammenarbeit mit forstlichen Verbänden geboten, andererseits werden Chancen in einer Öffnung für neue Kundenkreise im urbanen Bereich identifiziert.

Im Bereich des Privatwaldes in Sachsen wird die Zahl der potentiellen Teilnehmer mit hoher oder sehr hoher Teilnahmebereitschaft auf ca. 300 TN/Jahr geschätzt. Aus dem kommunalen Bereich wird mit etwa 100 TN/Jahr gerechnet. Aus den benachbarten Bundesländern wird von einem Bedarf aus dem privaten und kommunalen Bereich von 200 TN/Jahr ausgegangen. Die durchschnittliche Dauer der Schulungsangebote wird basierend auf den Ergebnissen der empirischen Untersuchungen auf im Durchschnitt 2,0 Tage geschätzt, sodass sich 1.200 Schulungstage ergeben. Bei einer durchschnittlichen Gruppengröße von 20 TN wird daher von 30 Veranstaltungen, bzw. 60 Veranstaltungstagen pro Jahr ausgegangen.

Mit zunehmender Waldbesitzgröße steigt sowohl die Teilnahmebereitschaft der Waldbesitzer, was aufgrund der Repräsentativität der Umfragebeteiligung in diesem Bereich als gesicherte Erkenntnis angesehen werden kann. Aufgrund der erhöhten Teilnahmebereitschaft wird angenommen, dass diese Teilgruppe eine verlässliche Komponente in Nachfrage und Auslastung sein kann.

Auf Grundlage übereinstimmender Einschätzungen wird mit einem mittel- und langfristig stabilem und steigendem Bedarf gerechnet. Der aktuell einsetzende Generationswechsel in der Leitung mittlerer Forstbetriebe von der unmittelbaren Nachwendengeneration auf eine jüngere Generation lässt aktuell ein besonders günstiges Zeitfenster für den Start eines entsprechenden Angebots erscheinen.

10.3. Markt

Der entsprechende Bedarf an der Entwicklung und Umsetzung von Informations- und Kommunikationsansätzen wird aktuell nicht bedient. Er kann nach hier vertretener Ansicht auch nicht in gleichwirksamer Weise von den bestehenden Verbänden und Verwaltungen abgedeckt werden, da diese nicht für alle als unmittelbar authentische Kommunikatoren attraktiv sind.

Der identifizierte Bedarf an Waldbesitzerbildung wird vom aktuellen Marktangebot nicht abschließend abgedeckt. Dies gilt insbesondere mit Blick auf besondere Anforderungen des mittleren Privat- und Kommunalwaldes. In diesen Bereichen wurden auch höhere Bereitschaft zum Einsatz von Zeit und Geld und eine höhere Zahlungsbereitschaft je Kurstag identifiziert.

Es wird davon ausgegangen, dass als Basisprogramm modular aufeinander aufbauende Kurse angeboten werden. Die Kurse werden dabei in die Hauptmodule „Grundlagen", „Waldbau", „Forstbetrieb" sowie „Waldschutz und -nutzung" unterteilt, welche einzelne Seminare enthalten. Diese Einheiten umfassen jeweils 1,5 bis 4 Stunden und können unabhängig voneinander oder als

Kollektiv angeboten werden. Die Module bauen dabei teils aufeinander auf und bei Absolvierung sämtlicher Module des Basisprogramms wird eine Urkunde verliehen.

Flankiert werden die Grundkurse durch Kurzkurse von bis zu 3 Tagen Dauer sowie Motorsägenkurse. Angesichts des festgestellten Interesses und zur Vermeidung höherer Kosten kann auf das Anbieten weiterer forsttechnischer Kurse vorläufig verzichtet werden. Neben dem eigentlichen und eigenen Schulungsprogramm wird ein Marktpotential in der Beteiligung an den Veranstaltungen anderer Organisatoren festgestellt.

Soweit der Privatwald als Zielgruppe angesprochen werden soll, ist zu beachten, dass Privatwald regelmäßig als „Familienprojekt" angesehen wird und entsprechende Angebote auf „Familienfreundlichkeit" ausgerichtet sein sollten. Digitales Lernen soll zudem weitere Marktpotentiale erschließen und das Seminarangebot vor Ort ergänzen und den Lernerfolg somit erhöhen.

Aufgrund der Erkenntnisse der Bedarfs- und Marktanalyse kann sicher angenommen werden, dass auch Marktpotentiale außerhalb von Sachsen und der mitteldeutschen Region bestehen. Eine leichte Skalierbarkeit des Angebots wird angenommen, sodass durch eine Ausdehnung des Einzugsbereichs eine Steigerung der Auslastung und Senkung der Kostenquoten erwartet wird.

10.4. Finanzierung

Im Bereich der Bildungsangebote, die sich überwiegend an Waldbesitzer richten, zeigen die Ergebnisse, dass der in der im ersten Analyseschritt ermittelte Bedarf unter rationalem Einsatz von Finanzierungsmitteln bedient werden kann und dabei bereits kurzfristig ein positiver Deckungsbeitrag erzielt werden kann. Es wird eine Zahlungsbereitschaft von 25 EUR bis 95 EUR/ Schulungstag, sowie eine Förderung von 15 EUR bis 90 EUR/Schulungstag angenommen.

Es wird mit einem kurz- bis mittelfristig erreichbaren Umsatzerlös von 145 TEUR/Jahr (einschließlich Förderung) gerechnet. Nach Abzug der laufenden Kosten wird von einem positiven Deckungsbeitrag von rd. 60 TEUR/Jahr ausgegangen. Es wird daher davon ausgegangen, dass der Schulungsbetrieb rationalerweise mit freiberuflichen Dozenten abgedeckt wird und eine Verwaltungskooperation mit einer anderen forstlichen Institution zur besseren Auslastung der Grundkosten erstrebenswert erscheint. Bei Beiträgen zu Veranstaltungen anderer Organisatoren wird ein höherer Deckungssatz erwartet.

Mit zunehmender Waldbesitzgröße steigt die Zahlungsbereitschaft der Waldbesitzer, was aufgrund der Repräsentativität der Umfragebeteiligung in diesem Bereich als gesicherte Erkenntnis angesehen werden kann. Aufgrund der erhöhten Zahlungsbereitschaft wird angenommen, dass diese Teilgruppe eine verlässliche Komponente in der Finanzierung sein kann.

Wesentliche Eckpfeiler der Wirtschaftlichkeit bleiben dabei staatliche Fördermöglichkeiten forstlicher Schulungen und Sach- und Personalbeiträge der Mitglieder, Fördermitglieder und institutioneller Partner sowie perspektivisch der Industrie.

Für den Bereich der Öffentlichkeitsarbeit und von Angeboten, die sich überwiegend an Multiplikatoren und Entscheidungsträger richten wird mit einem jährlichen Finanzierungsbedarf von 300.000 EUR gerechnet. Dieser ergibt sich aus Personalkosten für 2,5 Stellen (1,0 im Bereich Öffentlichkeitsarbeit, 1,0 im Bereich Bildung für Multiplikatoren & Veranstaltungen und 0,5 im Bereich Weiterentwicklung) in Anlehnung an E13 (Bund) sowie 0,5 Stellen zur administrativen Unterstützung in Anlehnung an E 9a (Bund). Dazu kommen Sachkosten für Veranstaltungen, Medien und Verwaltungskosten in Bezug auf diese Handlungsfelder.

Literaturverzeichnis

Austen, Anne (2018): „Waldsterben. Wohlleben: Wie behandelt Deutschland seinen ‚Mythos Wald'? Eine wissenssoziologische Diskursanalyse." Diplomarbeit Im Studiengang Soziologie, TU Dresden, Philosophische Fakultät, Institut für Soziologie

Diener von Schönberg, Caspar (2022): „Kommunikationsstrategien in der Forstwirtschaft Analyse der Kommunikation von Peter Wohlleben in verschiedenen Medien." Freie wissenschaftliche Arbeit zur Erlangung des akademischen Grades Master of Science (M. Sc.) in der Studienfachrichtung Management von Forstbetrieben an der Fachhochschule Erfurt, Erfurt 2022

Dobler, Günter; Suda, Michael; Seidl, Gerhard (2016): „Wortwechsel im Blätterwald – Erzählstrukturen für eine wirksame Öffentlichkeitsarbeit", bod Books on Demand, Norderstedt

Flyvbjerg, Bent (2001): Making social science matter. Why social inquiry fails and how it can succeed again. Reprint. Cambridge u.a.: Cambridge Univ. Press.

Hönoch, Björn, Waldbesitzerverband Sachsen-Anhalt: Mündliche Mitteilung 30.06.2022

Kuckartz, Udo (2018): Qualitative Inhaltsanalyse. Methoden, Praxis, Computerunterstützung. 4. Auflage. Weinheim, Basel: Beltz Juventa (Grundlagentexte Methoden). Online verfügbar unter http://ebooks.ciando.com/book/index.cfm?bok_id/2513416.

LfULG – Landesamt für Umwelt, Landwirtschaft und Geologie (2021): Merkblatt zur Einführung von Personalkostensätzen im Rahmen der Richtlinie LIW/2014, Teil Wissenstransfer

Nieding, G.; Ohler, P.; Daniel Rr. (2015): Lernen mit Medien. Utb-Verlag. Paderborn.

Mayring, Philipp (2008): Neuere Entwicklungen in der qualitativen Forschung und der Qualitativen Inhaltsanalyse. In: Philipp Mayring und Michaela Gläser-Zikuda (Hg.): Die Praxis der Qualitativen Inhaltsanalyse.

Mayring, Philipp (2015): Qualitative Inhaltsanalyse. Grundlagen und Techniken. 12., überarb. Aufl. Weinheim: Beltz (Beltz Pädagogik). Online verfügbar unter http://content-select.com/index.php?id=bib_view&ean=9783407293930.

Mayring, Philipp (2016): Einführung in die qualitative Sozialforschung. Eine Anleitung zu qualitativem Denken. 6. Auflage, zuletzt geprüft am 13.03.2019.

MIL – Ministerium für Infrastruktur und Landwirtschaft des Landes Brandenburg (2013): „Daten zu Wald und Forstwirtschaft in Brandenburg"

Rosenthal, Gabriele (2011): Interpretative Sozialforschung. Eine Einführung. 3., aktualisierte und erg. Aufl. Weinheim: Juventa-Verl. (Grundlagentexte Soziologie). Online verfügbar unter http://www.socialnet.de/rezensionen/isbn.php?isbn=978-3-7799-1482-2.

Rössler, Patrick (2010): Inhaltsanalyse. 2. überarb. Aufl. Konstanz, Stuttgart: UVK-Verl.-Ges; UTB GmbH (UTB Basics, 2671). Online verfügbar unter http://www.utb-studi-e-book.de/9783838526713.

Setzer, Frank; Spinner, Karsten; Thode, Henrik et al. (2009): Erarbeitung eines Konzeptes für die Qualifizierung privater Waldbesitzer im Rahmen der Strukturfonds- förderung Europäischer Sozialfonds (ESF) im Freistaat Sachsen 2007 - 2013"

SMEKUL - Sächsisches Staatsministerium für Energie Klimaschutz, Umwelt und Landwirtschaft (2018): Fünfter Forstbericht der Sächsischen Staatsregierung.

ThüringenForst AöR (2022): „WaldEigentümer", https://www.thueringenforst.de/waldwissen/eigentuemer/

Weber, Norbert (2012): Reflections on theories in forest policy. Testing, combining or building? In: *Forest Policy and Economics* 16, S. 102–108. DOI: 10.1016/j.forpol.2011.02.003.

Anhänge

A.1. Quantitative Umfrage Allgemein – Große Mitteldeutsche Waldumfrage

A) Rahmendaten

1. Geschlecht
- Männlich
- Weiblich
- Divers
- Keine Angabe

2. Alter
- Bis 18 Jahre
- 19-30 Jahre
- 31-50 Jahre
- 51-65 Jahre
- Über 65 Jahre

3. Meinen Wohnort würde ich selbst einschätzen als
- Eher städtisch
- Eher ländlich

4. Mein höchster Bildungsabschluss
- Grund-Volksschule/Polytechnische Oberschule
- Abitur/Erweiterte Oberschule
- Berufsausbildung
- Fachschule/Berufskolleg
- Fachhochschule/Universität

5. Forstliche Selbstzuordnung
   In Bezug auf den Wald bin ich in meiner eigenen Wahrnehmung v.a. oder überwiegend zunächst:
- Waldbesitzer (privat)
- Waldbesitzer (genossenschaftlich, körperschaftlich)
- Waldfreund/Waldinteressierter
- Forstunternehmer
- Förster
- Sonstiges

6. **„Mein Wald", in dem ich mich hauptsächlich aufhalte, arbeite oder bewege, ist ungefähr in der Größenordnung:**
   - Bis 2 ha
   - 2-5 ha
   - 6-50 ha
   - 51-100 ha
   - 101-300 ha
   - Mehr als 300 ha

7. **In Bezug auf „meinen Wald" bin ich hauptsächlich in folgendem Bundesland verortet:**
   - Brandenburg
   - Sachsen
   - Sachsen-Anhalt
   - Thüringen
   - Anderes Bundesland

B) Mitgliedschaften & Aktivierung

8. **Aktivität**

   In „meinem Wald" bin ich in meiner eigenen Wahrnehmung v.a. und überwiegend:
   - selbst aktiv, bspw. durch Holzgewinnung, Sport, o.ä.
   - beauftrage und überwache ich selbst Unternehmer, Verbände o.ä. um für mich oder den Wald aktiv zu werden.
   - selbst mit Unterstützung oder Beratung aktiv
   - wird die FBG, der Förster oder Dienstleister für mich aktiv.
   - nicht aktiv.

9. **Was mich daran hindert (noch/überhaupt) aktiver in „meinem Wald" zu werden ist hauptsächlich....**
   - Der Wald ist zu weit weg.
   - Ich weiß nicht, wo mein Wald genau ist.
   - Kein Interesse.
   - Mein Lebensalter.
   - Aufwand zu groß: Es lohnt sich für mich nicht.
   - Angst etwas falsch zu machen.

- Ich weiß nicht, an wen ich mich bei Fragen wenden kann.
- Ich brauche mich um nichts zu kümmern.

- Ich möchte den Wald „in Ruhe Wald sein lassen".

10. Ich bin oder war Mitglied in einem der folgenden Vereine, Verbände oder Vereinigungen (im Folgenden „Verbände").

- Waldbesitzerverband/ Waldbauernverband (WBV)
- Familienbetriebe Land & Forst (Fablf)
- Forstbetriebsgemeinschaft (FBG)

- Deutscher Forstverein (DFV – d.h. einem Landesforstverein)
- Schutzgemeinschaft Deutscher Wald (SDW)
- Jagdverband (LJV, ÖJV)
- Einem anderen Naturschutzverband

11. Was sind Gründe, die mich zu einer Mitgliedschaft in den o.g. Verbände bewegen, bzw. bewogen haben?

- Ich identifiziere mich mit den Zielen des Verbandes.
- Ich möchte die Ziele des Verbandes in der Gesellschaft unterstützen.
- Ich verbinde mit der Mitgliedschaft die Erwartung eines wirtschaftlichen Vorteils.

- Soziale Anbindung: „Ich kenne dort viele"/"Ich wurde angesprochen Mitglied zu werden".
- Ich möchte am Angebot des Verbandes teilnehmen (bspw. Informationen).

12. Ich nehme regelmäßig an einer der folgenden Aktivitäten teil, oder habe vor wieder daran teilzunehmen

- Informations- oder Mitgliederversammlung eines forstlichen Verbandes.
- Informations- oder Waldbesitzerveranstaltung der Forstverwaltung.

- Exkursion oder Demonstrationsveranstaltung, bspw. von Forsttechnik
- Schulungsveranstaltung, bspw. ein Motorsägenkurs
- Wald-Aktion, bspw. Waldbaden, Pflanzaktion, Waldjugendspiele, Waldspaziergang

C) Kategorie Wald-Bildung

13. Ich verfüge über folgende Erfahrungen oder Ausbildung(en) im Bezug zum Wald

- Lange Praxiserfahrung (mehr als 5 Jahr)
- Kurze Praxiserfahrung (weniger als 5 Jahr)
- Noch keine Praxiserfahrung

- Motorsägenschein (AS Baum I/II)
- Berufsausbildung
- Studium
- Andere:

14. Folgende Wald-Bildungsangebote sind mir bekannt

- Waldbauernschule Brandenburg
- Waldbauerbrief Thüringen
- Waldbauernschule Kehlheim
- Waldakademie Pfaffroda
- Wohllebens Waldakademie
- Forstliche Bildungszentrum (FBZ) Sachsen-Anhalt in Magdeburgerforth

- Familienbetriebe: Steuer-, Herbst-, Jugendseminare etc.
- Angebote von Forstverwaltungen.
- Keines davon.
- Anderes:

15. Ich habe bereits an einem Wald-Bildungsangebot teilgenommen

- Waldbauernschule Brandenburg
- Waldbauerbrief Thüringen
- Waldbauernschule Kehlheim
- Wohllebens Waldakademie
- Familienbetriebe: Steuer-, Herbst-, Jugendseminare etc.
- Ich habe noch nie an einem forstlichen Bildungsangebot teilgenommen.

- Angebote von Forstverwaltungen.
- Anderes

16. Ich interessiere mich grds. dafür, erstmals oder nochmals ein Wald-Bildungsangebot wahrzunehmen

- Sicher ja
- Eher ja

- Eher nein
- Sicher nein.

17. Am ehesten bin ich an einem Wald-Bildungsangeboten interessiert, wenn sie

- vor Ort stattfinden.
- digital stattfinden.
- hybrid stattfinden.

- an einer professionellen Schulungseinrichtung stattfinden.

18. Folgende Themen sind aus meiner Sicht wichtig für Wald-Bildung

- Handhabung von Motorsägen
- Andere Maschinenlehrgänge
- Waldbäume erkennen
- Waldbauliche Grundlagen (Begründung und Pflege von Waldbeständen, Wachstumsverhalten von Baumarten)
- Wald im Klimawandel
- Waldschutz (Insekten, Brand).
- Forstliche Förderung
- Wegebau
- Holzsortierung & Holzverkauf
- Holzverwendung
- Vertragsnaturschutz, Ökopunkte, Vermarktung von Ökosystemleistungen

- Pilze & Kräuter
- Erholung & Wellness
- Jagd
- Rechte & Pflichten von Waldbesitzern und Waldbesuchern
- Steuern für Waldbesitzer, Grundsteuer
- Kauf & Verkauf, Erben & Vererben von Wald
- Verkehrssicherung
- Forstliche Zusammenschlüsse
- Öffentlichkeitsarbeit & Forstpolitik

19. Abhängig vom Inhalt wäre ich bereit für ein hochwertiges Wald-Bildungsangebot bereit zu zahlen:

- Bis zu 10 EUR/Tag
- 11 bis 25 EUR/Tag
- 26 bis 50 EUR/Tag
- 51 bis 100 EUR/Tag
- 101-500 EUR/Tag

20. Ich wäre bereit zu einem Präsenzbildungsangebot zu fahren:

- Bis zu 30 min
- Bis zu 1h
- Bis zu 2 h
- Mehr als 2h

21. Wie viel Zeit bin ich bereit für einen Kurs aufzuwenden:

- 1-2 h
- Mehr als 2h weniger als 6h
- Einen Tag
- Ein Wochenende
- Ein bis drei Tage
- Drei bis fünf Tage

A.2. Quantitative Umfrage Teilnehmer Pilotprojekte

Vielen Dank, dass Sie sich die Zeit nehmen, eine Veranstaltung, an der die Waldakademie Pfaffroda beteiligt war, zu evaluieren!

Als Teilnehmer einer Veranstaltung, an der wir beteiligt waren, ist uns Ihr Feedback besonders wichtig.

Die Beantwortung der nachfolgenden 10 Fragen sollte nicht mehr als 5 Minuten beanspruchen. Am Ende haben Sie die Möglichkeit uns noch Ihr persönliches Feedback zu geben.

Die Evaluation ist anonym. Für elektronisch gesammelte und verarbeitete Daten gelten dennoch die Datenschutzbestimmungen, die Sie unserer Homepage entnehmen können: http://waldakademie-pfaffroda.de/dsgvo/

1. **Meine "forstliche Selbstzuordnung": In Bezug auf den Wald bin ich in meiner eigenen Wahrnehmung v.a. oder überwiegend zunächst:**
   - Waldfreund/Waldinteressierter
   - Waldbesitzer (privat, kommunal, körperschaftlich)
   - Förster o.ä. (im öffentlichen Dienst)
   - Förster, forstlicher Dienstleister, o.ä. (in der Privatwirtschaft)
   - Anderes/weiß nicht/keine Angaben.

2. **Wie wahrscheinlich ist es, dass Sie wieder eine Wald-Veranstaltung wie diese, an der Sie teilgenommen haben, besuchen werden?**
   - Sehr wahrscheinlich
   - Eher wahrscheinlich
   - Nicht sehr wahrscheinlich
   - Gar nicht wahrscheinlich
   - Keine Angaben/weiß nicht.

3. **Wie sehr ist es dem Referenten/der Referentin der Waldakademie Pfaffroda gelungen, relevante Inhalte über den Wald oder zum Thema der Veranstaltung zu vermitteln?**
    - Sehr gut gelungen
    - Gut gelungen
    - Einigermaßen gelungen
    - Gar nicht gelungen
    - Weiß nicht/keine Angaben/nicht einschlägig.

4. **Ist es dem Referenten/die Referentin der Waldakademie Pfaffroda, gelungen, Ihnen Begeisterung für den Wald oder das Thema der Veranstaltung zu vermitteln?**
    - Sehr gut gelungen
    - Gut gelungen
    - Einigermaßen gelungen
    - Gar nicht gelungen
    - Weiß nicht/keine Angaben/nicht einschlägig.

5. **Wie gut ist es dem Referenten/der Referentin der Waldakademie Pfaffroda gelungen, Fragen zu beantworten oder eine Diskussion/ein Weiterdenken unter den Teilnehmern anzuregen?**
    - Sehr gut gelungen
    - Gut gelungen
    - Gut
    - Nicht so gut
    - Weiß nicht/keine Angaben/nicht einschlägig.

6. **Wie war für Sie die Geschwindigkeit, in der der Referent/die Referentin der Waldakademie Pfaffroda gesprochen hat oder durch die Veranstaltung geleitet hat?**
    - Viel zu schnell
    - Zu schnell
    - Genau richtig
    - Zu langsam
    - Viel zu langsam

7. **Wie wahrscheinlich ist es, dass Sie den Referenten/die Referentin der Waldakademie Pfaffroda weiterempfehlen werden?**

(Skala 1-10: Von Sehr unwahrscheinlich bis sehr wahrscheinlich)

8. **Unabhängig von der konkreten Veranstaltung, was sind aus Ihrer Sicht grundsätzlich wichtige Themen für gute Wald-Bildung:**
   - Waldbäume erkennen/Waldbauliche Grundlagen (Begründung und Pflege von Waldbeständen, Wachstumsverhalten von Baumarten)
   - Forstpolitik/Forstliche Förderung/Wald im Klimawandel
   - Forstbetrieb/Maschinenführung/Holzernte & -verwertung
   - Rechte & Pflichten von Waldbesitzern und Waldbesuchern
   - Kauf & Verkauf, Erben & Vererben von Wald

9. **Unabhängig davon, ob oder wieviel Sie für die Teilnahme an der Veranstaltung gezahlt haben: Wie viel wären Sie bereit, pro Stunde für eine vergleichbare Veranstaltung in Zukunft zu zahlen?**
   - Bei Zahlungspflicht würde ich nicht teilnehmen.
   - Bis zu 5 EUR/h
   - Bis zu 10 EUR/h
   - Bis zu 20 EUR/h
   - Bis zu 50 EUR/h
   - Bis zu 100 EUR/h

10. **Danke, dass Sie alle Fragen beantwortet haben! Hier ist noch Platz für Ihre Anmerkungen, Fragen oder Kritik:**

A.3. Quantitative Umfrage Mitorganisatoren/Auftraggeber Pilotprojekte

Vielen Dank, dass Sie sich die Zeit nehmen, eine Veranstaltung, an der die Waldakademie Pfaffroda beteiligt war, zu evaluieren!

Als Auftraggeber einer Veranstaltung, die wir in Kooperation mit Ihnen durchgeführt haben, ist uns Ihr Feedback besonders wichtig.

Die Beantwortung der nachfolgenden 10 Fragen sollte nicht mehr als 5 Minuten beanspruchen. Am Ende haben Sie die Möglichkeit uns noch Ihr persönliches Feedback zu geben.

Die Evaluation ist anonym. Für elektronisch gesammelte und verarbeitete Daten gelten dennoch die Datenschutzbestimmungen, die Sie unserer Homepage entnehmen können: http://waldakademie-pfaffroda.de/dsgvo/

Erklärung: Zu nachfolgenden Fragen wurden jeweils Antwortmöglichkeiten gegeben, die eine sehr positiven bis sehr negative Beantwortung der Frage ermöglichten.

1. **An der Beauftragung welcher Veranstaltung waren Sie beteiligt? (Bitte im Format aaaa.mm.dd, Ort, Auftraggeber, Titel der Veranstaltung, Anzahl der Teilnehmer)**
2. **Wie sachkundig war der Referent/die Referentin der Waldakademie Pfaffroda?**
3. **Wie verständlich hat der Referent/die Referentin der Waldakademie Pfaffroda erklärt?**
4. **Wie motivierend war der Referent/die Referentin der Waldakademie Pfaffroda.**
5. **Wie beurteilen Sie die Organisation, Vorbereitung und Abwicklung der Veranstaltung?**
6. **Wie gut konnte der Referent/die Referentin der Waldakademie Pfaffroda die Fragen der Teilnehmer beantworten?**
7. **Wie war für Sie die Geschwindigkeit, in der der Referent/die Referentin der Waldakademie Pfaffroda gesprochen hat oder durch die Veranstaltung geleitet hat?**
8. **Wie beurteilen Sie das Preis-Leistungs-/Qualitätsverhältnis insgesamt?**
9. **Wie wahrscheinlich ist es, dass Sie die Waldakademie Pfaffroda/Ihren Referenten/Referentin weiterempfehlen werden?**
10. **Danke, dass Sie alle Fragen beantwortet haben! Hier ist noch Platz für Ihre Anmerkungen, Fragen oder Kritik:**

A.4. Leitfaden Experteninterview

Gesprächsleitfaden Bedarfsanalyse

Allgemeiner Teil

➢ Bitte beschreiben Sie Ihre Tätigkeit/Organisation hinsichtlich:
- Gründungsjahr, Gründungsziel, Rechtsform
- Anzahl der regelmäßig erreichten Waldbesitzer (WB)/ Waldinteressierte Öffentlichkeit (WIÖ)
- Wie erreichen Sie WB und WIÖ?
- Was ist Ihr Bezug zu Informationen, Erlebnissen oder Schulungen (IES) von WB und WIÖ

➢ Welche wichtigen Entwicklungen und Entscheidungen, sowie welche einschneidenden Ereignisse, prägten Ihre Tätigkeit/Organisation? Welche Veränderungen ergaben sich im Laufe der Zeit?

➢ Welche Ziele verfolgt Ihre Organisation? Sind Ziele im Laufe der Zeit dazugekommen?

Bedarfsanalyse

➢ Wie hoch schätzen Sie die Anzahl der WB/WIÖ in Ihrem Bereich ein? Wie groß ist der Anteil der mobilisierten, bzw. organisierten WB hieran?

➢ Gibt es einen Bedarf an IES von WB und WIÖ?

➢ Was sind aus Ihrer Sicht Themen, die in den IES von WB und WIÖ eine prominente Rolle spielen müssten?

➢ Was sind aus Ihrer Sicht Themen, die bei IES von WB und WIÖ am stärksten nachgefragt werden würden?

➢ Wer hat welche Interessen an IES von WB und WIÖ?

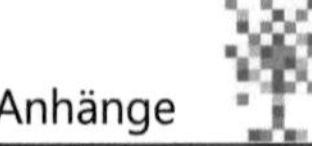

➢ Wie hoch schätzen Sie die Zahlungsbereitschaft von WB/WIÖ ein?

➢ Welche Rolle sollte eine regelmäßige Aus- und Fortbildung der WB bei einer zukünftigen Förderung des Waldumbaus bzw. der Honorierung der Klimaschutzleistungen des Waldes spielen?

Marktanalyse

➢ Welche Angebote zu IES von WB und WIÖ sind Ihnen bekannt?

➢ Welche Angebote bieten Sie Waldbesitzern? Wie viel (quantitativ) und was wird von diesem Angebot angenommen?

➢ Welches Leistungsspektrum bieten Sie an?

➢ Haben Sie alternative Geschäftsfelder?

➢ Was ist Ihr Alleinstellungsmerkmal?

➢ Wer ist Ihre Zielgruppe? Wie integrieren Sie neue WB/WIO?

➢ Wie werden neue WB/WIO aktiviert? (Werbung, Mund-zu-Mund-Werbung) Welche Anreizsysteme haben Sie?

➢ Wie funktioniert die Kommunikation mit WB/WIÖ? (Kommunikationsmittel, Häufigkeit, Inhalt)

➢ Was würden Sie sich von der Politik oder anderen rahmengebenden Institutionen wünschen, dass Ihre Arbeit/Organisation erleichtern und verbessern würde? Förderpolitik, Waldprämie?

A.5. Übersicht über ein Schulungsprogramm

Modul- und Seminarübersicht:

Modul A: Grundlagen

A1: Unser Wald - Sehnsuchtsort, Ernährer, Konfliktraum

A2: Unsere wichtigsten Baumarten erkennen und verstehen

A3: Warum bewirtschaften wir unseren Wald?

A4: Wälder im Klimawandel

Modul B: Waldbau

B1: Grundlagen der Standortskunde

B2: Einführung in den Waldbau

B3: Künstliche und Natürliche Waldverjüngung

B4: Angewandter Naturschutz im Wald

Modul C: Forstbetrieb

C1: Rechte und Pflichten als Waldbesitzer

C2: Steuerliche Grundlagen im Forstbetrieb

C3: Zertifizierung von Forstbetrieben

C4: Forstliche Förderungen

C5: Grundlagen forstlicher Ökonomie

C6: Verkehrssicherungspflicht als Waldbesitzer (Theorie und Praxis)

C7: Erstellen Forstlicher (Jahres-) Planungen

C8: Waldbesitz: Erben und (Ver-)kaufen. Was ist der Wald Wert?

C9: Management in forstwirtschaftlichen Zusammenschlüssen

Modul D: Waldschutz und -nutzung

D1: Pflege und Ernte von Waldbeständen richtig planen und durchführen

D2: Mensch und Waldarbeit

D3: Vermessung, Sortierung und Vermarktung von Holz

D4: Waldschutz: Schaderreger erkennen und zielgerichtet handeln

D5: Ökologischer Waldschutz

D6: Die Jagd als Kulturgut und Waldschutzelement

D7: Heimische Wildarten und -schäden

Ergänzungsseminare:

E1: Motorsägenkurse für Anfänger und Fortgeschrittene

E2: Die Honorierung der Klimaschutzleistung der Wälder (Symposium für Entscheidungsträger)

E3: Erstellen einer Forstlichen Betriebskarte (mit QGIS)

E4: Heimische Pilze und Kräuter erkennen

E5: Grundkenntnisse für neue Waldbesitzer (100 min, online – kostenlos)

Grundaufbau des 10-tägigen Kurses „Sachkunde Wald und Forst"

	Montag	Dienstag	Mittwoch	Donnerstag	Freitag
		Grundlagen der Waldbewirtschaftung	Waldbau & Forsteinrichtung	Wild & Jagd	Waldverjüngung
08:30 - 10:30	Anreise	A2: Unsere wichtigsten Baumarten erkennen und verstehen (im Wald)	B2: Einführung in den Waldbau	C7: Erstellen einer forstlichen Jahresplanung	B3: Künstliche und Natürliche Waldverjüngung
11:00 - 12:30	Warm welcome (Gegenseitige Erwartungen)	A3: Warum bewirtschaften wir unseren Wald?	B2: Einführung in den Waldbau (im Wald)	D6: Die Jagd als Kulturgut und Waldschutzelement	B3: Künstliche und Natürliche Waldverjüngung (im Wald)
14:00 - 16:00	A1: Unser Wald - Sehnsuchtsort, Ernährer, Konfliktraum	B1: Grundlagen der Standortskunde	C1: Rechte und Pflichten als Waldbesitzer	D7: Heimische Wildarten und -schäden	Bergfest (Zwischenfazit, Fragen)
16:30 - 18:00	A2: Unsere wichtigsten Baumarten erkennen und verstehen	B1: Grundlagen der Standortskunde (im Wald)	C7: Erstellen einer forstlichen Jahresplanung	D2: Mensch und Waldarbeit	C3: Zertifizierung von Forstbetrieben
18:30	Wildessen, Geselliger Abend		freiwilliger Crash-Kurs Tipps MS-Nutzung		Abreise

	Montag	Dienstag	Mittwoch	Donnerstag	Freitag
	Verkehrssicherung & Waldpflege	Holzernte & -verkauf	Waldschutz & Förderung	Forstökonomie	Gruppenarbeit & Feedback
08:30 - 10:30	C6: Verkehrssicherungspflicht als Waldbesitzer (Theorie und Praxis)	D1: Pflege und Ernte von Waldbeständen richtig planen und durchführen (im Wald)	D4: Waldschutz: Schaderreger erkennen und zielgerichtet handeln	C2: Steuerliche Grundlagen im Forstbetrieb	Gruppenarbeit "Erstellen einer Forstlichen Jahresplanung" (teils im Wald)
11:00 - 12:30	C6: Verkehrssicherungspflicht als Waldbesitzer (Theorie und Praxis) (im Wald)	D3: Vermessung, Sortierung und Vermarktung von Holz (im Wald)	D5: Ökologischer Waldschutz	C8: Waldbesitz: Erben und (Ver-)kaufen. Was ist der Wald Wert?	
14:00 - 16:00	D3: Vermessung, Sortierung und Vermarktung von Holz	B4: Angewandter Naturschutz im Wald	A4: Wälder im Klimawandel	C9: Management in forstwirtschaftlichen Zusammenschlüssen	Ergebnisvorstellung (im Wald)
16:30 - 18:00	D1: Pflege und Ernte von Waldbeständen richtig planen und durchführen	C5: Grundlagen forstlicher Ökonomie	C4: Forstliche Förderungen	Vorbereitung Gruppenarbeit "Erstellen einer Forstlichen Jahresplanung"	Feedback und persönliche Zielsetzungen
18:30					Abreise

Modul	A: Grundlagen
Seminar	**A1: Unser Wald – Sehnsuchtsort, Ernährer, Konfliktraum**
Lernziele	<ul><li>Grundverständnis über die Wechselwirkungen von Wald und Mensch aufeinander</li><li>Erkenntnisse über die Bedeutung des Waldes in der Gesellschaft</li><li>Erkennen und Bewerten gesellschaftlicher Ansprüche an den Wald</li><li>Möglichkeiten zur Erfüllung gesellschaftlicher Ansprüche</li></ul>
Lerninhalte	Die Lehrinhalte verdeutlichen die derzeitige und historische Wechselbeziehung zwischen Mensch und Wald und deren Auswirkungen aufeinander. Dabei wird unter anderem die Entwicklung der Waldfläche, des Waldzustandes sowie kulturelle Aspekte beleuchtet. Anhand der Erfindung der Nachhaltigkeit durch Hans Carl von Carlowitz sowie der nachfolgenden Entwicklung dieses Anspruchs sollen die zahlreichen Waldfunktionen und die damit verbundenen Ansprüche unterschiedlicher Stakeholder thematisiert werden. Unter anderem folgende Ansprüche werden dabei behandelt:<ul><li>Erholungsnutzug</li><li>Sportveranstaltungen, Freizeitaktivitäten</li><li>Schutzfunktionen des Waldes (z.B. Boden-, Wasser- und Lärmschutz, Biodiversität)</li><li>Nutzung des Waldes durch die Gesellschaft (Pilze, Schnittgrün)</li></ul>
Empfohlene Vorkenntnisse	Keine
Methoden	Lehrgang
Referenten	Mindestens Hochschulstudium der Forstwirtschaft (Bachelor), Nachweis von Referenzen
Dauer	1,5 Std
Teilnehmerzahl	10-30 Personen
Ort	Lehrgangsraum oder Webinar

Modul	**A: Grundlagen**
Seminar	**A2: Wichtige Baumarten erkennen und verstehen**
Lernziele	• Verständnis über die bedeutungsvolle Entscheidung der Baumartenwahl • Grundkenntnisse über die wichtigsten forstlichen Baumarten wie deren Wuchseigenschaften/ Ansprüche • Befähigung zur selbstständigen Weiterbildung

Lerninhalte	1. Einführung über die Waldentwicklung seit der Eiszeit,
	2. Grundlegende Kenntnisse über
	   - Waldentwicklung und -verteilung nach Baumarten
	   - Erkennungsmerkmale im Sommer/ Winter
	   - Wuchseigenschaften und Standortsansprüche
	   - Auswirkungen des Klimawandels
	3. Baumartengruppen:
	   - Rotbuche
	   - Eiche
	   - Laubhölzer mit hoher Lebenserwartung
	   - Laubhölzer mit geringerer Lebenserwartung
	   - Fichte/ Tanne
	   - Kiefer/ Lärche
	   - Douglasie

Empfohlene Vorkenntnisse	Modul A1: Unser Wald – Sehnsuchtsort, Ernährer, Konfliktraum Modul B1: Grundlagen der Standortskunde
Methoden	Lehrgang und Übung, ggf. Exkursion
Referenten	Mindestens Hochschulstudium der Forstwirtschaft o. Ä. (Bachelor), Nachweis von Referenzen
Dauer	3,5 Std.
Teilnehmerzahl	10-30 Personen
Ort	Lehrgangsraum oder Webinar, Praxisteil im Wald möglich

Modul	A: Grundlagen
Seminar	**A3: Warum bewirtschaften wir unseren Wald?**
Lernziele	Vermittlung grundlegender Kenntnisse über • Die Auswirkungen der Forstwirtschaft auf das Ökosystem Wald, die Wirtschaft und die Gesellschaft hat. • Befähigung für eine erste Bewertung, ob die Bewirtschaftung im (eigenen) Wald zweckgemäß ist.
Lerninhalte	1. die Bedeutung der Forstwirtschaft für das Ökosystem Wald und die Gesellschaft 2. historische Entwicklung der Waldwirtschaft 3. mögliche Rollen der Forstwirtschaft hinsichtlich der Biodiversität, Holzversorgung, Wirtschaft und des Klimaschutzes
Empfohlene Vorkenntnisse	Modul A1: Unser Wald – Sehnsuchtsort, Ernährer, Konfliktraum
Methoden	Lehrgang
Referenten	Mindestens Hochschulstudium der Forstwirtschaft o. Ä. (Master), Nachweis von Referenzen
Dauer	1,5 Std.
Teilnehmerzahl	10-30 Personen
Ort	Lehrgangsraum oder Webinar

Modul	A: Grundlagen
Seminar	**A4: Wälder im Klimawandel**
Lernziele	Vermittlung grundlegender Kenntnisse über die Auswirkungen des Klimawandels auf • den Wald und die Forstwirtschaft • Waldbesitzerentscheidungen • die Baumartenwahl • Nutzungsmodelle • Waldfunktionen
Lerninhalte	1. Wichtige Auswirkungen des Klimawandels 2. Darstellung bisheriger und zukünftiger Auswirkungen des Klimawandels auf das Ökosystem Wald und dessen Bewirtschaftung 3. Die Rolle von Wäldern als Klimaschützer 4. Vermittlung von waldbaulichen und strategischen Handlungsstrategien für Waldbesitzende
Empfohlene Vorkenntnisse	A1: Unser Wald - Sehnsuchtsort, Ernährer, Konfliktraum A2: Unsere wichtigsten Baumarten erkennen und verstehen A3: Warum bewirtschaften wir unseren Wald? A4: Wälder im Klimawandel
Methoden	Lehrgang
Referenten	Mindestens Hochschulstudium der Forstwirtschaft o. Ä. (Master), Nachweis von Referenzen
Dauer	2 Stunden
Teilnehmerzahl	10-30 Personen
Ort	Lehrgangsraum oder Webinar

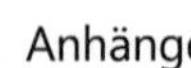

Modul	**B: Waldbau**
Seminar	**B1: Grundlagen der Standortskunde**
Lernziele	Vermittlung grundlegender Kenntnisse über • Standörtliche Grundlagen • Interpretation der Ergebnisse der Standortserkundung • Standortsdrift bedingt durch klimatische Veränderungen
Lerninhalte	1. Überblick über die naturalen Grundlagen (Geologie, Boden, Standort, Fauna, Flora, Ökosystem Wald) 2. Grundlagen der forstlichen Standortserkundung (Klimastufen, Grundgesteine, Mosaikbereiche, Bodenarten und Bodentypen, Humusformen, Standortsform und Standortsgruppe) 3. Interpretation standörtlicher Unterlagen für den Waldbesitzer 4. Interpretation einer forstlichen Standortskarte 5. Einfluss des Klimawandels auf Standortsinformationen
Empfohlene Vorkenntnisse	A2: Unsere wichtigsten Baumarten erkennen und verstehen A4: Wälder im Klimawandel
Methoden	Lehrgang
Referenten	Mindestens Hochschulstudium der Forstwirtschaft o. Ä. (Master), Nachweis von Referenzen
Dauer	3,5 Stunden
Teilnehmerzahl	10-30 Personen
Ort	Lehrgangsraum oder Webinar

Modul	**B: Waldbau**
Seminar	**B2: Einführung in den Waldbau**
Lernziele	Vermittlung grundlegender Kenntnisse über • das Ökosystem Wald – als dynamisches System • Gesetzmäßigkeiten der Bestandesentwicklung / Notwendigkeit waldbaulichen Handelns
Lerninhalte	1. den Zweck und die Möglichkeiten des Waldbaus im Allgemeinen (im Kontext gesellschaftlicher und wirtschaftlicher Ansprüche) 2. Bestandesentwicklungsphasen 3. Waldbausysteme, Betriebsarten, Verjüngungsformen 4. Waldbauliche Leitlinien und Zielstellungen 5. Praxishilfen anwenden
Empfohlene Vorkenntnisse	A1: Unser Wald - Sehnsuchtsort, Ernährer, Konfliktraum A2: Unsere wichtigsten Baumarten erkennen und verstehen A3: Warum bewirtschaften wir unseren Wald? B1: Grundlagen der Standortskunde
Methoden	Lehrgang, Exkursion
Referenten	Mindestens Hochschulstudium der Forstwirtschaft o. Ä. (Master), Nachweis von Referenzen
Dauer	3,5 Stunden
Teilnehmerzahl	10-30 Personen
Ort	Lehrgangsraum oder Webinar

Modul	B: Waldbau
Seminar	**B3: Künstliche und Natürliche Waldverjüngung**
Lernziele	Vermittlung grundlegender Kenntnisse über gängige Verjüngungsverfahren sowie deren Vor- und Nachteile.
Lerninhalte	1. Gegenüberstellung der Verfahren Naturverjüngung, Pflanzung und Saat 2. Wissenswertes über Baumschulpflanzen 3. Aspekte für die Vorbereitung, Durchführung und Kontrolle der Verfahren
Empfohlene Vorkenntnisse	A2: Unsere wichtigsten Baumarten erkennen und verstehen B1: Grundlagen der Standortskunde B2: Einführung in den Waldbau
Methoden	Lehrgang
Referenten	Mindestens Hochschulstudium der Forstwirtschaft o. Ä. (Master), Nachweis von Referenzen
Dauer	3,5 Stunden
Teilnehmerzahl	10-30 Personen
Ort	Lehrgangsraum oder Webinar

Modul	B: Waldbau
Seminar	**B4: Angewandter Naturschutz im Wald**
Lernziele	Vermittlung grundlegender Kenntnisse über • Rechtliche Grundlagen des Naturschutzes im Wald • wertvolle Biotope im Wald • Möglichkeiten zur ökologischen Verbesserung im Wald
Lerninhalte	1. Rechtliche Grundlagen des Naturschutzes im Wald (Überblick über die Vielfalt an Richtlinien, Gesetzen und Verordnungen, Schutzgebietskategorien und sich daraus ergebende Restriktionen bei der Waldbewirtschaftung, Artenschutz 2. Wertvolle Biotope im Wald: Kurzvorstellung und erhaltende Maßnahmen (Alt- und Totholzbäume, Höhlen- und Horstbäume, Trockenbiotope, Feuchtbiotope, Ödland 3. Möglichkeiten zur ökologischen Verbesserung im Wald (Standortgerechte Baumartenwahl, Bodenschonende Holzernteverfahren, Waldrandgestaltung, Erhaltung von Alt- und Totholz, Erhaltung von Höhlen- und Horstbäumen, Erzielung von Strukturvielfalt)
Empfohlene Vorkenntnisse	A4: Wälder im Klimawandel
Methoden	Lehrgang, ggf. weiterführende Exkursion
Referenten	Mindestens Hochschulstudium der Forstwirtschaft o. Ä. (Master), Nachweis von Referenzen
Dauer	2 Stunden
Teilnehmerzahl	10-30 Personen
Ort	Lehrgangsraum oder Webinar

Modul	C: Forstbetrieb
Seminar	**C1: Rechte und Pflichten als Waldbesitzer**
Lernziele	Einführung und Erläuterungen zu folgenden Gesetzen mit besonderer Gewichtung der forstwirtschaftlichen Relevanz: • Bundeswaldgesetz (BWaldG) und Sächsisches Waldgesetz (SächsWaldG) • Sächsisches Naturschutzgesetz (SächsNatSchG) • Sächsisches Landesjagdgesetz (SächsJagdG) • Forstvermehrungsgutgesetz (FoVG) Vermittlung wichtiger Rechte und Pflichten der Waldbesitzer: • Verkehrssicherungspflicht • Freies Betretungsrecht des Waldes
Lerninhalte	1. Bundeswaldgesetz (BWaldG) und Sächsisches Waldgesetz (Sächs-WaldG) - Allgemeine Vorschriften, Forstliche Rahmenplanung, Sicherung der Waldfunktionen, Betreten des Waldes, Bewirtschaftung des Waldes, Wälder mit Sonderstatus, Forstorganisation, Besondere Bestimmungen für den Staats-, Körperschafts- und Privatwald, Forstschutz, Ordnungswidrigkeiten 2. Sächsisches Naturschutzgesetz (SächsNatSchG) - Allgemeine Vorschriften, Landschaftsplanung, Allgemeiner Schutz von Natur und Landschaft, Schutz, Pflege und Entwicklung bestimmter Teile von Natur und Landschaft, Schutz und Pflege wild lebender Tier- und Pflanzenarten und deren Lebensräume (Biotop- und Artenschutz), Erholung in Natur und Landschaft, Zuständigkeit, Verfahren, Ahndung von Ordnungswidrigkeiten 3. Sächsisches Landesjagdgesetz (SächsJagdG) - Jagdbezirke, Hegegemeinschaften, Beteiligung Dritter an der Ausübung des Jagdrechtes, Schutz des Wildes und seiner Lebensräume, Jagdausübung, Wild- und Jagdschaden, Organisation, Zuständigkeit, Verfahren, Ahnungsvorschriften 4. Forstvermehrungsgutgesetz (FoVG) - Allgemeine Vorschriften, Zulassung, Erzeugung, Inverkehrbringen, Ein- und Ausfuhr, Herkunfts- und Identitätssicherung, Übergangs- und Schlussvorschriften

Empfohlene Vorkenntnisse	B4: Naturschutz im Wald
Methoden	Lehrgang, Fallstudien, Praxisbeispiele
Referenten	Universitätsstudium der Rechtswissenschaften oder Forstwissenschaften (Master) Nachweis von Referenzen
Dauer	2 Stunden
Teilnehmerzahl	10-30 Personen
Ort	Lehrgangsraum oder Webinar

Modul	C: Forstbetrieb
Seminar	**C2: Steuerliche Grundlagen im Forstbetrieb**
Lernziele	• Kennenlernen wichtiger Steuern im Forstbetrieb • Abschätzung der Vorteilhaftigkeit Regelbesteuerung/ Pauschalierung bei der Umsatzsteuer
Lerninhalte	1. Umsatzsteuer 　- Grundlagen, Steuersätze, Anwendung Kennziffern zur betrieblichen Entscheidung Regelbesteuerung/ Pauschalierung 　- Anwendung einschlägiger Formblätter der Finanzverwaltung 2. Einkommenssteuer 　- Grundlagen 　- Methoden zur Herleitung des zu versteuernden Einkommens (EÜR, Bilanzierung) 　- Anwendung einschlägiger Formblätter der Finanzverwaltung 3. Sonstige Steuern 　- Grunderwerbssteuer 　- Schenkungssteuer
Empfohlene Vorkenntnisse	
Methoden	Lehrgang, Fallstudien
Referenten	Mindestens Hochschulstudium der Wirtschafts-/ Rechtswissenschaften mit Inhalten zum Steuerrecht (Master) oder Studium der Forstwissenschaften, jedoch nur mit nachgewiesenen Kenntnissen im Steuerrecht (Master) Nachweis von Referenzen
Dauer	2 Stunden
Teilnehmerzahl	10-30 Personen
Ort	Lehrgangsraum oder Webinar

Modul	C: Forstbetrieb
Seminar	**C3: Zertifizierung von Forstbetrieben**
Lernziele	Vermittlung grundlegender Kenntnisse über • gängige Zertifizierungssysteme sowie deren Unterschiede • Vor- und Nachteile einer Zertifizierung • den Ablauf einer Zertifizierung
Lerninhalte	1. Gegenüberstellung der Zertifizierungssysteme PEFC, FSC und Naturland 2. Darlegung, wann eine Zertifizierung für einen Forstbetrieb ratsam/ unumgänglich ist 3. Darstellung möglicher Auswirkungen auf den Forstbetrieb und den Wald 4. Erläuterung des Ablauf einer Zertifizierung anhand einer Musterbetriebs
Empfohlene Vorkenntnisse	A1: Unser Wald - Sehnsuchtsort, Ernährer, Konfliktraum C1: Rechte und Pflichten als Waldbesitzer
Methoden	Lehrgang und Fallbeispiele
Referenten	Mindestens Hochschulstudium der Forstwirtschaft o. Ä. (Bachelor), Nachweis von Referenzen
Dauer	1,5 Stunden
Teilnehmerzahl	10-30 Personen
Ort	Lehrgangsraum oder Webinar

Modul	**C: Forstbetrieb**
Seminar	**C4: Forstliche Förderungen**
Lernziele	• Vermittlung grundlegender Kenntnisse über aktuelle Förderungen seitens des Landes- und Bundesmittel • Sonstige staatliche Unterstützungen

Lerninhalte	1. Landesmittel
	   - Richtlinie WuF/2020 „Wald und Forstwirtschaft" (Zuwendungsfähige Maßnahmen, Antragsverfahren, Abruf der Fördermittel)
	2. Bundesmittel
	   - Förderprogramm klimaangepasstes Waldmanagement
	3. Sonstige Unterstützungen
	   - Datenbereitstellung (Flurstückskataster, Flurstücksdaten, Daten zum aufstockenden Waldbestand, Forstgrundkarte, Luftbilder)
	   - Beratung und Betreuung des durch die staatliche Forstverwaltung (Inhalte von Beratung und Betreuung, Leistungen des „Betreuungs- und Beratungs"-Försters)
	   - Steuervergünstigungen im Kalamitätsfall und Forstschäden-Ausgleichsgesetz

Empfohlene Vorkenntnisse	C1: Rechte und Pflichten als Waldbesitzer B2: Einführung in den Waldbau B3: Künstliche und Natürliche Waldverjüngung B4: Praktischer Naturschutz im Wald D3: Mensch und Waldarbeit D10: Heimische Wildarten und -schäden
Methoden	Lehrgang
Referenten	Mindestens Hochschulstudium der Forstwirtschaft o. Ä. (Master), Nachweis von Referenzen
Dauer	1,5 Stunden
Teilnehmerzahl	10-30 Personen
Ort	Lehrgangsraum oder Webinar

Modul	**C: Forstbetrieb**
Seminar	**C5: Grundlagen forstlicher Ökonomie**
Lernziele	Vermittlung grundlegender Kenntnisse über • den Aufbau und die Aufgaben eines Forstbetriebs • Wald als ökonomische Besonderheit • forstbetriebliche Kennzahlen

Lerninhalte	1. Erläuterung der verschiedenen Formen und Zielstellungen von Forstbetrieben (unter Zuhilfenahme der Waldfunktionen)
	2. Darlegung der Besonderheiten des Waldes
	  - Produkt = Betriebsmittel, lange Produktionszeiträume, Ausfallrisiken, Gesellschaftsansprüche, etc.
	3. Vorstellung von üblichen Kalkulationsgrundlagen
	  - Preise für Holzernte, Festwirte, Pflanzung etc.

Empfohlene Vorkenntnisse	keine
Methoden	Lehrgang, Fallbeispiele
Referenten	Mindestens Hochschulstudium der Forstwirtschaft o. Ä. (Master), Nachweis von Referenzen
Dauer	1,5 Stunden
Teilnehmerzahl	10-30 Personen
Ort	Lehrgangsraum oder Webinar

Modul	**C: Forstbetrieb**
Seminar	**C6: Verkehrssicherungspflicht in Theorie und Praxis**
Lernziele	Vermittlung grundlegender Kenntnisse über • grundlegenden Anforderungen aus Gesetz und Rechtsprechung an Haftung und Verkehrssicherung • Anforderungen aus Gesetz und Rechtsprechung an die Verkehrssicherung an Bäumen in verschiedenen Konstellationen • die Identifizierung nicht verkehrssichere Bäume

Lerninhalte	1. Theoretische Inhalte
	  - Grundlagen des Haftungsrechts in Deutschland.
	  - Anforderung an Auswahl- und Überwachungsverschulden bei Angestellten.
	  - Anforderungen an die Verkehrssicherung an Bäumen im Wald, an Verkehrswegen und im Siedlungsbereich
	  - Nachbarschaftsrecht
	  - Protokollierung von Kontrollen
	2. Praktische Inhalte
	  - Ablauf einer Baumuntersuchung
	  - Vorstellung wichtiger biotischer und abiotischer Schädigungen (Fruchtkörper von Pilzen, Trockenäste u.v.m.)
	  - Verhalten bei Unsicherheit

Empfohlene Vorkenntnisse	A2: Unsere wichtigsten Baumarten erkennen und verstehen A4: Wälder im Klimawandel B1: Grundlagen der Standortskunde B4: Praktischer Naturschutz im Wald C1: Rechte und Pflichten als Waldbesitzer
Methoden	Lehrgang, Fallbeispiele und Exkursion
Referenten	Mindestens Hochschulstudium der Forstwirtschaft o. Ä. (Master), Nachweis von Referenzen
Dauer	Theoretische Inhalte 2 Stunden, Praktische Inhalte 1,5 Stunden
Teilnehmerzahl	10-30 Personen
Ort	Lehrgangsraum

Modul	C: Forstbetrieb
Seminar	**C7: Erstellen Forstlicher (Jahres-) Planungen**
Lernziele	Vermittlung grundlegender Kenntnisse über • Grundlagen forstlicher Planung, Einordnung und rechtliche Grundlagen • Planungsverfahren im privaten und öffentlichen Wald

Lerninhalte	1. Rechtliche Grundlagen (größere Forstbetriebe, Grundlage für Förderungen, Einkommenssteuergesetz)
	2. Ablauf einer Forsteinrichtung (10 Jahre)
	   - Zielsetzungen von Forstbetrieben
	   - Waldeinteilung
	   - Waldinventur
	   - Datenverdichtung und Aufbereitung
	   - Produktions- und Nutzungsplanung
	   - Modellbildungen
	3. Ablauf einer Jahresplanung
	   - Übersetzung der Angaben aus der Forsteinrichtung
	   - Strukturierung und Kalkulation der Arbeitsbereiche
	   - Kapazitätsplanung
	   - Zielkontrolle

Empfohlene Vorkenntnisse	A2: Unsere wichtigsten Baumarten erkennen und verstehen A3: Warum bewirtschaften wir unseren Wald? B2: Einführung in den Waldbau B3: Künstliche und Natürliche Waldverjüngung B4: Praktischer Naturschutz im Wald C1: Rechte und Pflichten als Waldbesitzer C2: Steuerliche Grundlagen im Forstbetrieb C5: Grundlagen forstlicher Ökonomie
Methoden	Lehrgang
Referenten	Mindestens Hochschulstudium der Forstwirtschaft o. Ä. (Master), Nachweis von Referenzen
Dauer	2 Stunden
Teilnehmerzahl	10-30 Personen
Ort	Lehrgangsraum oder Webinar

Modul	**C: Forstbetrieb**
Seminar	**C8: Waldbesitz: Erben und (Ver-)kaufen. Was ist der Wald Wert?**
Lernziele	Vermittlung grundlegender Kenntnisse über • rechtliche Grundlagen und Handlungsschritte beim Erben und Verkaufen sowie der Waldbewertung • die Bedeutung der Waldbewertung für einen Forstbetrieb • die Herangehensweise einer Waldbewertung
Lerninhalte	1. Gesetzliche Grundlagen und Handlungsschritte beim Erben und Verkaufen sowie der Waldbewertung 2. Grundlegende Begriffe und Voraussetzungen (Verkehrswert, Waldwert, Bewertungsanlässe, Finanzmathematik, Bodenwerte, Bestandeswerte) 3. Darstellung des Ablaufs einer Waldbewertung und Nennung von Praxishilfen
Empfohlene Vorkenntnisse	A2: Unsere wichtigsten Baumarten erkennen und verstehen B1: Grundlagen der Standortskunde B2: Einführung in den Waldbau C1: Rechte und Pflichten als Waldbesitzer C4: Forstliche Förderungen C5: Grundlagen forstlicher Ökonomie C6: Verkehrssicherungspflicht als Waldbesitzer (Theorie und Praxis) C7: Erstellen einer forstlichen Jahresplanung
Methoden	Lehrgang, Fallbeispiele, Exkursion
Referenten	Mindestens Hochschulstudium der Forstwirtschaft o. Ä. (Master), Nachweis von Referenzen
Dauer	1,5 Stunden
Teilnehmerzahl	10-30 Personen
Ort	Lehrgangsraum oder Webinar

Modul	**C: Forstbetrieb**
Seminar	**C9: Management in forstwirtschaftlichen Zusammenschlüssen**
Lernziele	Vermittlung grundlegender Kenntnisse über • die Zielsetzungen forstwirtsch. Zusammenschlüsse • rechtliche Grundlagen für forstwirtsch. Zusammenschlüsse • Steuerliche Grundlagen • Das Ehrenamt in forstwirtsch. Zusammenschlüssen
Lerninhalte	1. Herausstellung der hohen Bedeutung von Forstwirtschaftlichen Zusammenschlusses für den Waldbesitzer, die Holz- und Forstwirtschaft, den Wald und die Forstpolitik 2. Vorstellung und Abwägung möglicher Rechtsformen - Rechtsgrundlage (BWaldG) - Eingetragener Verein, Wirtschaftlicher Verein, Eingetragene Genossenschaft u. w 3. Darlegung der wichtigsten Steuern eines forstwirtschaftlichen Zusammenschlusses - Grundlagen, Erklärungs- und Anzeigepflichten, Belegwesen, Steuern vom Einkommen und Ertrag, Umsatzsteuer, Beschäftigung von Arbeitnehmern, u.A.
Empfohlene Vorkenntnisse	C1: Rechte und Pflichten als Waldbesitzer C2: Steuerliche Grundlagen im Forstbetrieb C3: Zertifizierung von Forstbetrieben C4: Forstliche Förderungen C5: Grundlagen forstlicher Ökonomie C8: Waldbesitz: Erben und (Ver-)kaufen. Was ist der Wald Wert?
Methoden	Lehrgang und Fallbeispiele
Referenten	Mindestens Hochschulstudium der Forstwirtschaft, Wirtschaftswissenschaft, Rechtswissenschaft oder o. Ä. (Master), Nachweis von Referenzen
Dauer	2 Stunden
Teilnehmerzahl	10-30 Personen
Ort	Lehrgangsraum oder Webinar

Modul	D: Waldschutz und -nutzung
Seminar	**C3: Pflege und Ernte von Waldbeständen richtig planen und durchführen**
Lernziele	Vermittlung grundlegender Kenntnisse über • die Vorbereitung, Durchführung und Nachbereitung von Bestandespflegemaßnahmen, Durchforstungen und Endnutzungen sowie deren Notwendigkeit

Lerninhalte	1. Unterscheidung und waldbaulicher Nutzen von Jungbestandspflege, Durchforstungen und Endnutzungen
	2. Jungbestandspflege
	   - Pflegegrundsätze
	   - Mischungsregulierung
	   - Arbeitsgeräte und Techniken
	3. Durchforstungen
	   - Definition und Ziele
	   - Durchforstungsarten
	   - Durchforstungsintevalle
	   - Arbeitsgeräte und Techniken
	4. Endnutzungen
	   - Endnutzungskonzepte
	   - Entscheidungsgrundlagen gemäß der Betriebsart
	   - Arbeitsgeräte und Techniken
	5. Wichtige Schritte für bei der Planung und Durchführung einer Pflege-/Erntemaßnahme

Empfohlene Vorkenntnisse	A2: Unsere wichtigsten Baumarten erkennen und verstehen A3: Warum bewirtschaften wir unseren Wald? A4: Wälder im Klimawandel B1: Grundlagen der Standortskunde B2: Einführung in den Waldbau B3: Künstliche und Natürliche Waldverjüngung B4: Praktischer Naturschutz im Wald C1: Rechte und Pflichten als Waldbesitzer C3: Zertifizierung von Forstbetrieben C5: Grundlagen forstlicher Ökonomie C6: Verkehrssicherungspflicht als Waldbesitzer (Theorie und Praxis) C7: Erstellen einer forstlichen Jahresplanung

Methoden	Lehrgang mit Fallbeispielen und anschließender Auszeichenübung
Referenten	Mindestens Hochschulstudium der Forstwirtschaft o. Ä. (Master), Nachweis von Referenzen
Dauer	3,5 Stunden
Teilnehmerzahl	10-30 Personen
Ort	Lehrgangsraum oder Webinar

Modul	**D: Waldschutz und -nutzung**
Seminar	**D2: Mensch und Waldarbeit**
Lernziele	Vermittlung grundlegender Kenntnisse über • Waldarbeit und die Entstehung des Waldarbeiterberufs • die historische, gegenwärtige und künftige Entwicklung zunehmender Maschinisierung und Digitalisierung • Arbeitsschutz im Wald

Lerninhalte	1. Entwicklung von der Selbstwerbung hin zu heutigen Forstberufen im Zuge der planmäßigen Forstwirtschaft
	2. Wichtige historische Holzernteverfahren, und deren Entwicklung hinzu heutiger vollmechanisierter Holzernte sowie der zukünftigen Entwicklung. Zudem werdend die Bedeutung und Möglichkeiten einer zunehmenden Mechanisierung dargelegt.
	3. Wichtige Aspekte des Arbeitsschutzes im Wald
	   - Unfallstatistiken
	   - Vorbeugende Maßnahmen (Schutzausrüstung, Aus- und Fortbildung, Rettungspunkte, Arbeitsaufträge etc.)
	   - Wichtige Handlungsschritte im Falle eines Unfalls

Empfohlene Vorkenntnisse	A1: Unser Wald - Sehnsuchtsort, Ernährer, Konfliktraum A3: Warum bewirtschaften wir unseren Wald? B3: Künstliche und Natürliche Waldverjüngung C3: Zertifizierung von Forstbetrieben D1: Pflege und Ernte von Waldbeständen richtig planen und durchführen
Methoden	Lehrgang
Referenten	Mindestens Hochschulstudium der Forstwirtschaft o. Ä. (Bachelor), Nachweis von Referenzen
Dauer	1,5 Stunden
Teilnehmerzahl	10-30 Personen
Ort	Lehrgangsraum oder Webinar

Modul	D: Waldschutz und -nutzung
Seminar	**D3: Vermessung, Sortierung und Vermarktung von Holz**
Lernziele	Vermittlung grundlegender Kenntnisse über • die Vermessung, Sortierung und Vermarktung von Rundholz verschiedener Waldbesitzarten

Lerninhalte	1. Vorstellung der Rahmenvereinbarung für den Rohholzhandel in Deutschland (RWR)
	   • Allgemeines wie Anwendungsbereiche
	2. Sortimente und Sorten mit jew. Maßeinheiten
	3. Qualitätssortierung von
	   • Stammholz (getrennt nach Nadel- und Laubhölzern)
	   • Industrieholz
	   • Energieholz
	4. Bezeichnung und Kennzeichnung von Rohholz
	5. Umrechnungsfaktoren verschiedener Maßeinheiten
	6. Gestaltung von Verträgen
	7. Überblick über Holzvermarktungsmöglichkeiten
	   • Möglichkeiten für Waldeigentümer, SBS, Selbstwerbung, Eigenvermarktung, regionale Besonderheiten, Submissionen
	8. Abrechnung und Verkauf, Gestaltung von Verträgen

Empfohlene Vorkenntnisse	A2: Unsere wichtigsten Baumarten erkennen und verstehen C1: Rechte und Pflichten als Waldbesitzer C2: Steuerliche Grundlagen im Forstbetrieb C3: Zertifizierung von Forstbetrieben C5: Grundlagen forstlicher Ökonomie C9: Management in forstwirtschaftlichen Zusammenschlüssen D1: Pflege und Ernte von Waldbeständen richtig planen und durchführen D2: Mensch und Waldarbeit
Methoden	Lehrgang, Fallbeispiele, Exkursion
Referenten	Mindestens Hochschulstudium der Forstwirtschaft o. Ä. (Bachelor), Nachweis von Referenzen
Dauer	3,5 Stunden
Teilnehmerzahl	10-30 Personen
Ort	Lehrgangsraum oder Webinar, Holzpolter im Wald

Modul	D: Waldschutz und -nutzung
Seminar	**D4: Waldschutz: Wichtige Schaderreger erkennen und zielgerichtet handeln**
Lernziele	Vermittlung grundlegender Kenntnisse über • wichtige Aspekte des Waldschutzes • Konkrete Beispiele für Schaderreger und deren Bekämpfung
Lerninhalte	1. Pflanzenschutz im Wald 　- Rechtliche Grundlagen, Bedeutung, Integrativer Waldschutz, Pflanzenschutzmittel 2. die wichtigsten Forstlichen Schädlinge 　- Auftreten wichtiger Schaderreger an Laubbaumarten: Eichenwickler, Frostspanner und Schwammspinner, Eschen – Triebsterben, verschiedene Mäusearten 　- Auftreten wichtiger Schaderreger an Nadelholzarten: Borkenkäfer (Buchdrucker, Kupferstecher, Nutzholzborkenkäfer, Lärchenborkenkäfer), Großer Brauner Rüsselkäfer, Nonne, Forleule, Kiefernspanner, Fichtengespinstblattwespe 3. Bekämpfungs- und Überwachungsmaßnahmen 4. Fallen und Fangmethoden (Borkenkäferfalle, Fangbäume etc.), Insektizide (Bazillzus thuringiensis, Fastac, Karate WG Forst etc.) 5. weiterführendes Informationsmaterial und Informationsstellen
Empfohlene Vorkenntnisse	A2: Unsere wichtigsten Baumarten erkennen und verstehen A4: Wälder im Klimawandel B1: Grundlagen der Standortskunde B2: Einführung in den Waldbau B3: Künstliche und Natürliche Waldverjüngung B4: Praktischer Naturschutz im Wald C3: Zertifizierung von Forstbetrieben
Methoden	Seminar, Fallstudien, Exkursion
Referenten	Mindestens Hochschulstudium der Forstwirtschaft o. Ä. (Master), Nachweis von Referenzen
Dauer	2 Stunden
Teilnehmerzahl	10-30 Personen
Ort	Lehrgangsraum oder Webinar

Modul	D: Waldschutz und -nutzung
Seminar	**D5: Ökologischer Waldschutz**
Lernziele	Vermittlung grundlegender Kenntnisse über • wichtige Aspekte des Waldschutzes • die Unterschiede zwischen ökologischem und konventionellem Waldschutz

Lerninhalte	1. Hauptkomponente des ökolog. Waldschutzes
	   - Verringerung der Prädisposition
	   - Ökologische Regelung
	   - Kontinuierliches Monitoring
	   - Biologische und biotechnische Bekämpfung
	2. Spezifische Verfahren zur Stabilisierung von Wäldern
	   - Unterbau, Vorbau, Mischwald
	   - Waldschutzfachlich relevante Aspekte der Forstzertifizierung

Empfohlene Vorkenntnisse	A2: Unsere wichtigsten Baumarten erkennen und verstehen A4: Wälder im Klimawandel B1: Grundlagen der Standortskunde B2: Einführung in den Waldbau B3: Künstliche und Natürliche Waldverjüngung B4: Praktischer Naturschutz im Wald C3: Zertifizierung von Forstbetrieben D4: Waldschutz: Schaderreger erkennen und zielgerichtet handeln
Methoden	Lehrgang mit Fallbeispielen
Referenten	Mindestens Hochschulstudium der Forstwirtschaft o. Ä. (Master), Nachweis von Referenzen
Dauer	1,5 Stunden
Teilnehmerzahl	10-30 Personen
Ort	Lehrgangsraum oder Webinar

Modul	**D: Waldschutz und -nutzung**
Seminar	**D6: Die Jagd als Kulturgut und Waldschutzelement**
Lernziele	Vermittlung grundlegender Kenntnisse über • die Ursprünge der Jagd als Kulturgut, die Hintergründe der Geschichte und Politik der Jagdnutzung • Auszüge aus dem Bundesjagdgesetz • derzeitige jagdpolitischen Diskurse und Konflikte
Lerninhalte	1. Die Entstehung der Jagd und des Jagdrechts (Urzeit, Domestikation des Hundes, Wildbann, Hohe und niedere Jagd) 2. Jagd in der freiheitlich-demokratischen Grundordnung des 21. Jhd. 3. Kritische Diskussion und Interpretation des aktuellen Jagdrechts und der jagdpolitischen Situation. 4. Die Interessensvertretung der Jagdpächter und Landnutzer und ihr Einfluss auf politische Prozesse. 5. Inhaber des Jagdrechts, Ausübung des Jagdrechts, Jagdbezirke 6. Jagdgenossenschaften und Hegegemeinschaften
Empfohlene Vorkenntnisse	A1: Unser Wald - Sehnsuchtsort, Ernährer, Konfliktraum A3: Warum bewirtschaften wir unseren Wald? C1: Rechte und Pflichten als Waldbesitzer C3: Zertifizierung von Forstbetrieben C9: Management in forstwirtschaftlichen Zusammenschlüssen D4: Waldschutz: Schaderreger erkennen und zielgerichtet handeln D5: Ökologischer Waldschutz
Methoden	Lehrgang
Referenten	Mindestens Hochschulstudium der Forstwirtschaft o. Ä. (Bachelor), Nachweis von Referenzen
Dauer	1,5 Stunden
Teilnehmerzahl	10-30 Personen
Ort	Lehrgangsraum oder Webinar

Modul	**D: Waldschutz und -nutzung**
Seminar	**D8: Heimische Wildarten und -schäden**
Lernziele	Vermittlung grundlegender Kenntnisse über • Heimische, für den Wald relevante Wildarten • Wildschäden und ihre Folgen • Wege zur Wildschadensverhütung • Wildschadensersatzanspruch
Lerninhalte	1. Vorstellung der wichtigsten heimischen Wildarten - Rotwild, Damwild, Rehwild, Schwarzwild, Feldhase, Wildkaninchen - Einordnung nach Verbissschäden, Schälschäden, Fegeschäden 2. Schadbelastung in Deutschland/ Sachsen und deren Folgen - Ergebnisse Bundeswaldinventur - Musterkalkulation zur Ermittlung finanzieller Schäden (z. B. durch Opportunitätskosten) - Entmischung der Baumartenvielfalt 3. Mögliche Wege der Wildschadensverhütung - Jäger, Jagdmethoden und Abschussplanung - Fütterung und Kirrung - Waldbauliche Möglichkeiten - Besucherlenkung - Einzelschutz und Zaunbau 4. Wildschadensersatz - Rechtsanspruch durch den Waldbesitzer
Empfohlene Vorkenntnisse	A1: Unser Wald - Sehnsuchtsort, Ernährer, Konfliktraum A2: Unsere wichtigsten Baumarten erkennen und verstehen A4: Wälder im Klimawandel B2: Einführung in den Waldbau B3: Künstliche und Natürliche Waldverjüngung B4: Praktischer Naturschutz im Wald C1: Rechte und Pflichten als Waldbesitzer C3: Zertifizierung von Forstbetrieben C5: Grundlagen forstlicher Ökonomie C9: Management in forstwirtschaftlichen Zusammenschlüssen D4: Waldschutz: Schaderreger erkennen und zielgerichtet handeln D5: Ökologischer Waldschutz D6: Die Jagd als Kulturgut und Waldschutzelement

Methoden	Lehrgang mit Fallbeispielen
Referenten	Mindestens Hochschulstudium der Forstwirtschaft o. Ä. (Master), Nachweis von Referenzen
Dauer	2 Stunden
Teilnehmerzahl	10-30 Personen
Ort	Lehrgangsraum oder Webinar

Informationen
zur Reihe und zu den Autoren

Zur Reihe: Wald in Raum und Öffentlichkeit

Praxisorientiert · Wissenschaftlich · Forstlich

Wald ist eine raumgreifende Landnutzung, an die die Gesellschaft eine Vielzahl von Ansprüchen stellt. Die Reihe behandelt Fragen aus Recht, Politik, Soziologie und Geschichte des Waldes sowie seiner Nutzung unter besonderer Berücksichtigung der Bedeutung der Waldfläche in Raum- und Landschaftsplanung. Ausgangspunkt der Beschäftigung ist dabei der vom Menschen genutzte oder beeinflusste Wald mit seinen vielfältigen Leistungen für Gesellschaft, Natur und Umwelt. Die Reihe ist in diesem Sinne als forstliche Schriftenreihe zu sehen. Sie soll Praxis, Ausbildung und Wissenschaft gleichermaßen dienen.

In der Reihe Wald in Raum und Öffentlichkeit sind erschienen:

Bd. 1: Forst- & Umweltrecht in Niedersachsen	4. Aufl. 2021
Bd. 2: Forst- & Jagdrecht im Freistaat Thüringen	3. Aufl. 2023
Bd. 3: Forst- & Klimarecht in Hessen	1. Aufl. 2019
Bd. 4: Forst- & Jagdrecht im Freistaat Sachsen	2. Aufl. 2023
Bd. 5: Nds. Forstrecht für Anfänger	3. Aufl. 2017
Bd. 6: Nds. Forst- & Umweltrecht für Fortgeschrittene	3. Aufl. 2017
Bd. 7: Walderhaltung- & Waldmehrungspolitik (Haupt-Bd.)	1. Aufl. 2020
Bd. 8: Walderhaltung- & Waldmehrungspolitik (Erg.-Bd.)	1. Aufl. 2020
Bd. 9: Forst- & Jagdrecht in Brandenburg	1. Aufl. 2021
Bd. 10: Habitatbäume als Steuerungsmittel der Forstpolitik	1. Aufl. 2023
Bd. 11: Forst- & Jagdrecht im Freistaat Bayern	1. Aufl. 2024
Bd. 12: Forst- & Jagdrecht in Baden-Württemberg	1. Aufl. 2024

Zum Herausgeber

Justus Eberl studierte Rechts- und Forstwissenschaften in Freiburg im Breisgau, Buenos Aires und Göttingen. Promotion am Lehrstuhl für Forstpolitik und Forstliche Ressourcenökonomie der TU Dresden in Tharandt. Vorbereitungsdienst und Zweite Juristische Staatsprüfung in Niedersachsen. Seit 2022 Professor für Forstpolitik und Umweltrecht an der Fachhochschule Erfurt.

Wald in Raum und Öffentlichkeit
Band 7

Justus Eberl

Walderhaltungs- und Waldmehrungspolitik
Kohärenz der Programmgestaltung eines Politikfeldes
in Deutschland unter besonderer Berücksichtigung der Situation in Thüringen

Hauptband

Zu Beginn des 21. Jahrhunderts ist die Waldpolitik zahlreichen neuen, auch widersprüchlichen Politikzielen ausgesetzt. Der Wald wird vom Klimawandel bedroht, zum anderen soll er wichtige Beiträge zum Klimaschutz erbringen. Dabei ist umstritten, ob eine forstliche Nutzung- oder ein Nutzungsverzicht am effektivsten zur Erreichung der Klimaschutzziele beiträgt. Eine ähnliche Kontroverse ist im Bereich des Schutzes der Biodiversität im Wald festzustellen. Neben diesen neuen Zielen muss der Wald weiterhin die Leistungen erbringen, die die Gesellschaft seit jeher von ihm erwartet.

Die vorliegende Studie untersucht die Wechselbeziehungen zwischen den Politikzielen verschiedener Politikfelder in Bezug auf die Waldfläche. Dabei wird der Policy Coherence Framework erstmals auf drei Politikebenen (EU-, Bunds- und Landesebene) sowie auf mehr als zwei Politikfelder angewandt und weiterentwickelt. Aktuelle Programme wie die LULUCF-VO der Europäischen Union, Bundes- und Landeswaldprogramme, Nachhaltigkeits-, Bioökonomie- und Biodiversitätsstrategien wurden untersucht. Die Diskussion erfolgt entlang der prominentesten Zielkonflikte, wie bspw. dem Ziel, mindestens 5% der Waldfläche aus der Nutzung zu nehmen. Schließlich werden konkrete Lösungsvorschläge für einige Zielkonflikte vorgestellt und diskutiert.

Eine übersichtliche und kompakte Zusammenfassung der waldbezogenen Politikziele aus den untersuchten Programmen findet sich im Ergänzungsband. Diese mag auch der Praxis als hilfreicher Wegweiser durch die aktuellen Politikprogramme mit Waldflächenbezug dienen.

Produktinformationen

Preis	59,90 EUR	ISBN-10	3-7448-5525-2
Ausgabe	1. Aufl. 2020	ISBN-13	978-374-485525-9
Taschenbuch	Softcover, 424 Seiten	Verlag	BoD - Books on Demand, Norderstedt
Format	17 x 4 x 22 cm		

Wald in Raum und Öffentlichkeit
Band 8

Justus Eberl

Walderhaltungs- und Waldmehrungspolitik
Kohärenz der Programmgestaltung eines Politikfeldes
in Deutschland unter besonderer Berücksichtigung der Situation in Thüringen

Ergänzungsband

Was „will" die aktuelle Politik vom Wald? Welche Ziele werden in aktuellen Politikprogrammen in Bezug auf Walderhaltung, Waldmehrung und Waldnutzung formuliert? Der Ergänzungsband liefert eine übersichtliche und kompakte Zusammenfassung der Politikziele aus allen Politikfeldern, die von Relevanz für den Wald sind. Dabei werden nicht nur forstpolitische Programme in den Blick genommen, sondern auch solche aus den Bereichen Natur- und Klimaschutz, Bioökonomie, Erholung, u.a.m. Dieses Kompendium mag auch dem Praktiker als hilfreicher Wegweiser durch die aktuellen Politikprogramme mit Waldflächenbezug dienen. Berücksichtigt wurden Dokumente von der Ebene der EU, des Bundes und des Landes.

Dargestellt sind 46 Programme der EU, des Bundes und des Freistaats Thüringen, u.a.:
- LULUCF-VO, EU Waldstrategie, Grünbuch Waldschutz, FFH-Richtlinie
- Nationale Nachhaltigkeitsstrategie (2002 & 2017), Klimaschutzplan 2050
- National Biodiversitätsstrategie, Nationale Politikstrategie Bioökonomie
- Charta für Holz (2004) & Charta für Holz 2.0 (2017)
- Thüringer Nachhaltigkeitsstrategie, Thüringer Biodiversitätsstrategie
- Thüringer Landesentwicklungsprogramm
- Thüringer Klima- und Anpassungsprogramm, Thüringer Bioenergieprogramm,
- Thüringer Landeswaldprogramm, Thüringer Forstprogramm

Produktinformationen

Preis	49,90 EUR	ISBN-10	375-267-008-8
Ausgabe	1. Aufl. 2020	ISBN-13	978-375-267-008-0
Taschenbuch	Softcover, 200 Seiten	Verlag	BoD - Books on Demand, Norderstedt
Format	17 x 1,4 x 22 cm		